感謝您購買旗標書，
記得到旗標網站
www.flag.com.tw
更多的加值內容等著您…

<請下載 QR Code App 來掃描>

1. 建議您訂閱「旗標電子報」：精選書摘、實用電腦知識搶鮮讀；第一手新書資訊、優惠情報自動報到。

2. 「更正下載」專區：提供書籍的補充資料下載服務，以及最新的勘誤資訊。

3. 「網路購書」專區：您不用出門就可選購旗標書！

買書也可以擁有售後服務，您不用道聽塗說，可以直接和我們連絡喔！

我們所提供的售後服務範圍僅限於書籍本身或內容表達不清楚的地方，至於軟硬體的問題，請直接連絡廠商。

● 如您對本書內容有不明瞭或建議改進之處，請連上旗標網站，點選首頁的 讀者服務 ，然後再按右側 讀者留言版 ，依格式留言，我們得到您的資料後，將由專家為您解答。註明書名 (或書號) 及頁次的讀者，我們將優先為您解答。

學生團體　訂購專線：(02)2396-3257 轉 361, 362
　　　　　傳真專線：(02)2321-2545

經銷商　　服務專線：(02)2396-3257 轉 314, 331
　　　　　將派專人拜訪
　　　　　傳真專線：(02)2321-2545

國家圖書館出版品預行編目資料

FLAG'S 創客 · 自造者工作坊：自動避障六足音效機器人 /
施威銘研究室 著 -- 臺北市：旗標, 2017.09　面；　公分

ISBN 978-986-312-472-6 (平裝)

1. 微電腦　2. 電腦程式語言　3. 機器人

471.516　　　　　　　　　　106013905

作　　者／施威銘研究室

發 行 所／旗標科技股份有限公司
　　　　　台北市杭州南路一段 15-1 號 19 樓

電　　話／(02)2396-3257(代表號)

傳　　真／(02)2321-2545

劃撥帳號／1332727-9

帳　　戶／旗標科技股份有限公司

監　　督／楊中雄

執行企劃／黃昕暐

執行編輯／陳煥章 · 留學成 · 邱裕雄

美術編輯／林美麗

原型設計／施雨亨

封面設計／古鴻杰

校　　對／留學成 · 邱裕雄 · 陳煥章 · 黃昕暐

行政院新聞局核准登記 - 局版台業字第 4512 號

ISBN　978-986-312-472-6

版權所有 · 翻印必究

Contents

U0064290

01 仿昆蟲機器人簡介

仿昆蟲機器人是『仿生機器人』的一種, 只要是模仿生物行動的機器人, 都可稱做仿生機器人。

為什麼要『模仿昆蟲走路』呢？以人形機器人來說, 雖然腳底都會做的比較大, 但只要控制不好還是會跌倒；若將雙腳換成 3 或多個輪子, 雖然可以平穩又快速的移動, 但也只適用於平坦的路面；至於飛行機器人, 除了電力不易持久外, 在狹窄或強風的環境也容易撞牆或墜機。

因此若要應用於救災、登山、探勘、或採礦等環境不佳的場所, 那麼仿昆蟲機器人就可派上用場了。由於它有六隻腳, 因此可以像昆蟲一樣行走於各種崎嶇不平的路面, 而不用擔心會卡住或跌倒。

所謂**機器人**, 通常是泛指『自己會行動』的機器, 倒不一定外形要長的像人。而**仿昆蟲**機器人, 簡單來說就是『模仿昆蟲走路』的機器人。

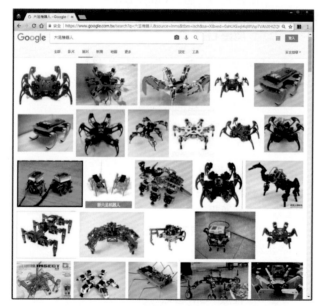

▲ 各種六隻腳的仿昆蟲機器人 (Google 圖片搜尋)

為何不模仿蜘蛛人, 不是更厲害！

等你來設計 ......

1-1 昆蟲如何走路

先來看看人類如何走路, 舉例來說, 當左腳著地往後時, 右腳會懸空往前, 接著右腳著地往後, 而左腳則懸空往前, 如此交替不已, 即可不斷向前行走。

昆蟲有六隻腳，但並不是左側腳一組、右側腳一組來行走，而是『右側中間腳和左側前、後腳』為一組，『左側中間腳和右側前、後腳』為一組，當一組著地往後時，另一組即凌空往前，如此交替行走：

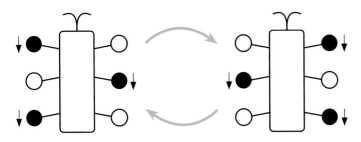

實心代表腳著地往後、空心代表腳凌空往前

由於任何時候都是以 3 腳形成一個**三角形的面**來著地（稱為『**三角步態**』），因此比人類金雞獨立的方式要穩健多了，即使爬在樹幹上，都不會掉落。

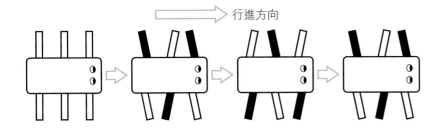

1-2 仿昆蟲機器人如何走路

同樣是仿昆蟲，但各家機器人所用的技巧都不盡相同。本套件所附的六足機器人，是將中間的 2 隻腳內縮到肚子下面，僅做為支撐之用：

每邊的前、後 2 隻腳是連動的，可往前或往後移動

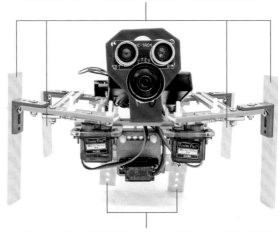

中間 2 隻腳在肚子下面，它們也是連在一起的，可藉由旋轉來撐起左邊（左中腳著地）或撐起右邊（右中腳著地）

當中間的右腳著地時，**會撐起右邊**而和左邊的前、後 2 腳形成 3 點著地，另外 3 腳則懸空。此時讓左邊的二腳往後移，而右邊懸空的二腳往前移；接著再換中間的左腳著地**撐起左邊**，然後右邊著地的二腳往後移，而左邊懸空的二腳往前移，如此循環不已，即可讓機器人向前行走：

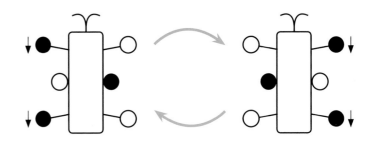

 除了向前走之外，當然也可以往後退，或是向左、向右轉，這部份我們留到第 4 章再為您介紹。

1-3 自動避障六足音效機器人

即然號稱機器人，當然多少要有一點人類的特色才行。而本套件所附的**自動避障六足音效機器人**，除了會自動行走外，還具備了『自動避障』及『發出音效』的功能：

超音波測距模組：可測得自
身與前方物體之間的距離

喇叭：可發出預先儲存在程式中
的聲音，例如尖叫聲、狗叫聲等

當機器人藉由**超音波測距模組**發現前方有障礙物時，即會自動停止前進並用**喇叭**發出尖叫聲，然後稍微退後，轉個方向再繼續前進。

接著，就請趕快翻到下一章，讓我們從組裝開始，一步步完成這可愛又有趣、還會尖叫的甲蟲機器人吧！

02 動手組裝六足機器人

2-1 零件盤點

零件清單

NO	品名	數量	配件
1	Flag's 1 控制板	1 組	USB 線
2	擴充板	1 個	
3	超音波模組	1 個	
4	超音波模組支架	1 個	
5	喇叭	1 個	
6	杜邦線 (雙母)	10 條	
7	電池盒 (4 號 x 4)	1 個	
8	伺服馬達	3 組	傳動臂 (單軸、雙軸、十字軸) 傳動齒輪固定螺絲 (2 長 1 短)
9	伺服馬達支架	3 片	
10	M2 螺絲、螺帽	9 組	
11	伺服馬達傳動臂 (舵臂)	3 個	
12	萬用連桿 (綠 4 黃 3 藍 2)	9 支	
13	L 型支架	6 個	
14	六角銅柱 + M3 螺絲 (6 mm)	1 組	
15	M3 螺絲 (12 mm)	18 個	(其中 1 個備用)
16	半牙螺絲 (12 mm)	7 個	(其中 1 個備用)
17	M3 螺帽	25 個	(其中 2 個備用)
18	塑膠螺絲、塑膠螺帽	13 組	
19	外開口六角板手 (M2、M3 用)	1 支	
20	泡棉雙面膠	1 個	

　　上表是本套件的所有零件清單與數量；而各零件的外觀、與注意事項，請依圖比對手上的實物。這將有助於了解後續說明、並提高組裝正確性。

1. Flag's 1 控制板

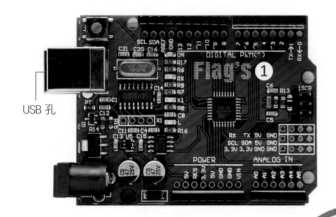

USB 孔

USB 線，兩端
都有防呆裝
置，不會插錯

2. 擴充板

電源燈

拿掉下方的保護
襯墊，可看到針腳
（與控制板對應）

3. 超音波模組

角落都有固定鎖孔

4. 超音波模組支架

角落也有固定孔

兩面都有薄膜
（可先撕掉）

5. 喇叭

正面

反面

6. 杜邦線(雙母)

▲ 兩端點都是母頭(用來與公頭對接)

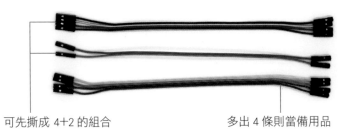

可先撕成 4+2 的組合　　　多出 4 條則當備用品

7. 電池盒

開關請切換到 OFF 位置

8. 伺服馬達(舵機)

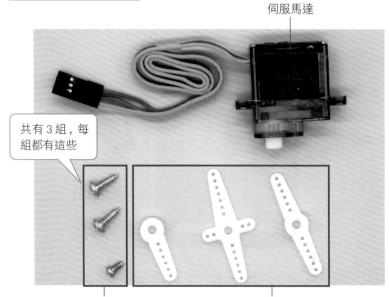

伺服馬達

共有 3 組，每組都有這些

傳動齒輪固定螺絲，含 2 長 1 短，**本套件將採用長螺絲**

內附多種傳動臂**都不使用，本套件另有準備！**

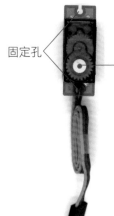

固定孔　傳動齒輪(舵輪)

訊號線

9. 伺服馬達支架 x3

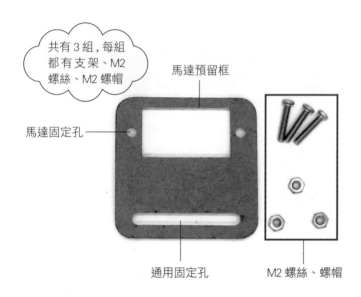

共有 3 組，每組都有支架、M2 螺絲、M2 螺帽

馬達預留框

馬達固定孔

通用固定孔

M2 螺絲、螺帽

10. 伺服馬達傳動臂(舵臂)

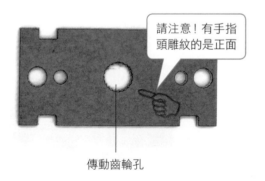

請注意！有手指頭雕紋的是正面

傳動齒輪孔

11. 萬用連桿

請務必依照 2-2 節組裝說明，**折錯沒有備料可替換喔！**

套件內有藍 2、綠 4、黃 3，共 9 支通用連桿

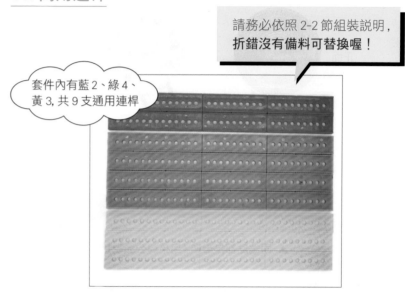

12. L 型支架

13. 六角銅柱 + M3 螺絲 (6 mm)

▲ M3 螺絲 (6 mm)　　▲ M3 六角銅柱

14~16. M3 螺絲 (12 mm)、半牙螺絲 (12 mm)、M3 螺帽

M3 螺絲（12mm）　　M3 半牙螺絲（12mm）　　M3 防鬆螺帽（M3 金屬螺絲都適用）

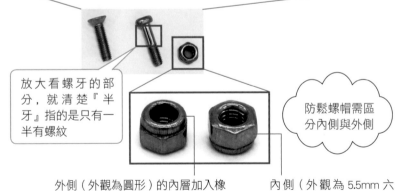

放大看螺牙的部分，就清楚『半牙』指的是只有一半有螺紋

防鬆螺帽需區分內側與外側

外側（外觀為圓形）的內層加入橡膠，可避免螺帽移動位置（或鬆脫），常用來當作可活動關節的零件

內側（外觀為 5.5mm 六角形）是一般金屬螺紋，使用板手時，需卡在此側

17. 塑膠螺絲、塑膠螺帽

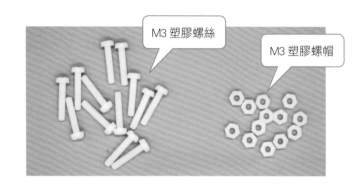

M3 塑膠螺絲

M3 塑膠螺帽

18. 外開口六角板手

M2 —　　　　　　　　— M3

▲ 外開口六角板手兩端大、小開口分別適用於 M3、M2 的螺帽（本套件使用的大、小兩種尺寸）

19. 泡棉雙面膠

▲ 泡棉雙面膠

您要自備的部分

本套件需要自備的有：十字螺絲起子、4號電池 4顆。這是家裡平常都有、也是很容易取得的工具：

小一點可用來鎖 M2 螺絲；對 M3 螺絲來說，雖略小些，但都能正常使用

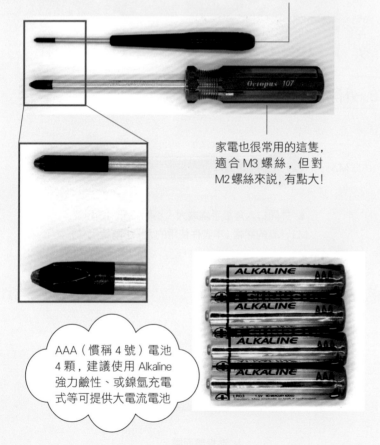

家電也很常用的這隻，適合 M3 螺絲，但對 M2 螺絲來說，有點大！

AAA（慣稱 4 號）電池 4 顆，建議使用 Alkaline 強力鹼性、或鎳氫充電式等可提供大電流電池

2-2 組裝機器人

組裝原則

組裝原則是：先組裝各獨立支部、再將各支部逐漸合體。我們先把六足機器人分割成幾個主要結構：

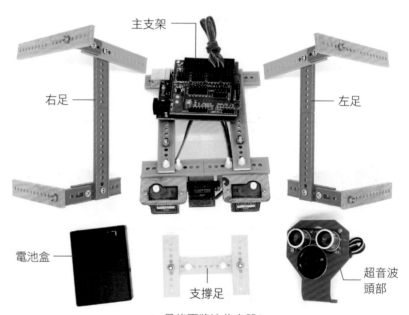

主支架

右足

左足

電池盒

支撐足

超音波頭部

▲ 最後再將這些合體！

同時，也請家長注意，本套件有很多小零件，除要注意保管，避免嬰幼兒拿到、誤食外；若讓小朋友（建議國小高年級以上）自行組裝，還是要有大人在旁指導、監護。

將萬用連桿折成不同長度

我們準備將萬用連桿折成不同長度，以利後續組裝使用。請注意**套件內的連桿數量是剛好夠用**，所以請務必小心不要折錯長度。

再次提醒您**套件內的連桿數量是剛好夠用**，所以請務必參照下圖的顏色與長度來折，不要折錯長度

本套件對不同長度連桿都給個易記名稱，以利後續組裝過程的說明

長桿加短桿相連的稱為**長短桿**

短桿

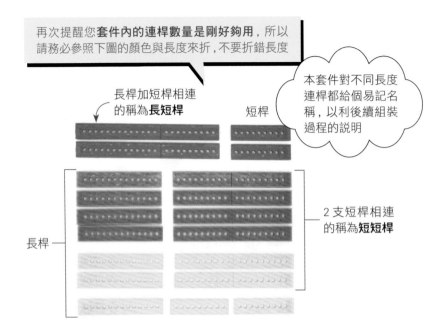

長桿

2 支短桿相連的稱為**短短桿**

萬用連桿有 2 段『折痕』，如下圖由左而右，可粗分為長 (13 孔)、短 (9 孔)、短 (9 孔)：

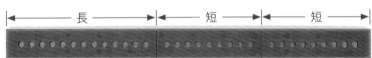

| ◀─── 長 ───▶ | ◀─── 短 ───▶ | ◀─── 短 ───▶ |

另外，每支連桿有正、反面之分，稍後組裝時請務必依照說明區分正反面：

每支連桿有正、反面之分

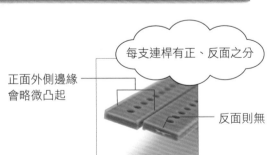

正面外側邊緣會略微凸起

反面則無

萬用連桿分段技巧與注意事項

折萬用連桿的時候請掌握以下原則，避免折錯：

折斷連桿時，雙手盡量靠近折痕兩側

錯誤的方式，可能會斷在不可預期的位置

部份組裝過程會標示切口端、或折口端的方向，請務必清楚兩者的差異！

為何要注意折口與切口的不同呢?! 因為切口端比折口端長 2mm，一定要分清楚，否則會出現長短腳哦！

折口

切口

連桿折成 2 段後，會產生折口端，其外觀與切口端有明顯差異

折口端

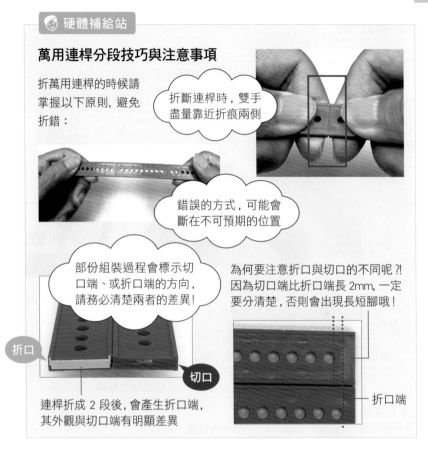

左、右側足架

▼ 零件表

零件名稱	數量	零件名稱	數量
黃 (短短桿)	2 個	M3 螺絲 (12mm)、螺帽	8 組
黃 (長桿)	2 個	M3 半牙螺絲、螺帽	4 組
綠 (長桿)	2 個	傳動臂	2 個
藍 (長短桿)	2 個	塑膠螺絲、螺帽	4 組
藍 (短桿)	2 個	傳動齒輪固定螺絲 (長)	2 個
L 型支架	4 個		

前足 x2

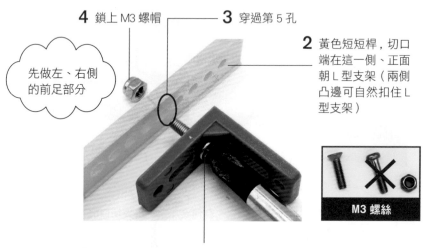

先做左、右側的前足部分

4 鎖上 M3 螺帽

3 穿過第 5 孔

2 黃色短短桿，切口端在這一側、正面朝 L 型支架（兩側凸邊可自然扣住 L 型支架）

1 M3 螺絲，從 L 型支架邊內側孔，由內往外穿出

M3 螺絲

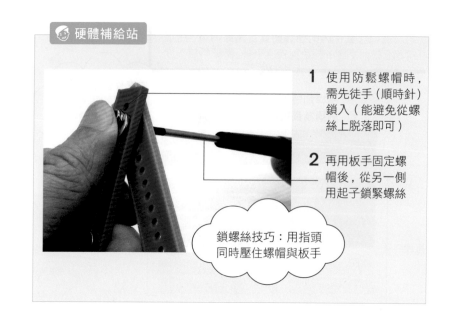

1 使用防鬆螺帽時，需先徒手（順時針）鎖入（能避免從螺絲上脫落即可）

2 再用板手固定螺帽後，從另一側用起子鎖緊螺絲

鎖螺絲技巧：用指頭同時壓住螺帽與板手

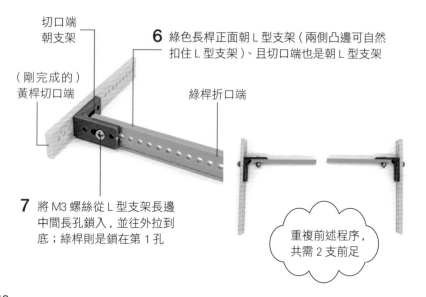

切口端朝支架

（剛完成的）黃桿切口端

6 綠色長桿正面朝 L 型支架（兩側凸邊可自然扣住 L 型支架）、且切口端也是朝 L 型支架

綠桿折口端

7 將 M3 螺絲從 L 型支架長邊中間長孔鎖入，並往外拉到底；綠桿則是鎖在第 1 孔

重複前述程序，共需 2 支前足

後足 x2

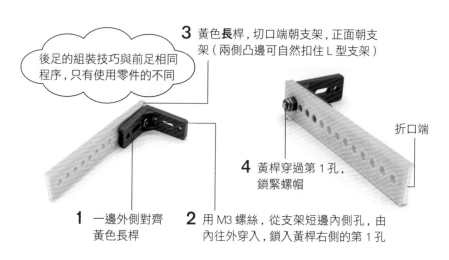

後足的組裝技巧與前足相同程序，只有使用零件的不同

3 黃色**長**桿，切口端朝支架，正面朝支架（兩側凸邊可自然扣住 L 型支架）

折口端

4 黃桿穿過第 1 孔，鎖緊螺帽

1 一邊外側對齊黃色長桿

2 用 M3 螺絲，從支架短邊內側孔，由內往外穿入，鎖入黃桿右側的第 1 孔

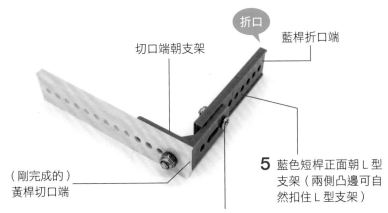

折口
藍桿折口端
切口端朝支架

（剛完成的）
黃桿切口端

5 藍色短桿正面朝 L 型
支架（兩側凸邊可自
然扣住 L 型支架）

6 將 M3 螺絲從 L 型支架另一邊外側
第孔穿入；藍桿則是鎖在第 2 孔

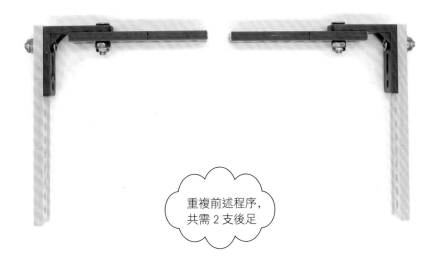

重複前述程序,
共需 2 支後足

組合前、後足, 成可活動的左、右足

完成後, 疊起來的順序應該是這樣子

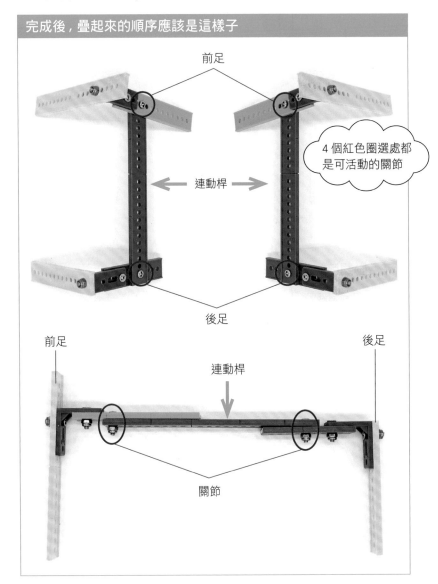

前足

4 個紅色圈選處都
是可活動的關節

連動桿

後足

前足

連動桿

後足

關節

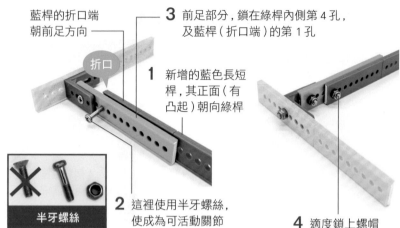

藍桿的折口端朝前足方向

折口

3 前足部分,鎖在綠桿內側第 4 孔,及藍桿(折口端)的第 1 孔

1 新增的藍色長短桿,其正面(有凸起)朝向綠桿

半牙螺絲

2 這裡使用半牙螺絲,使成為可活動關節

4 適度鎖上螺帽

6 這次先把螺絲穿入連動桿的第 1 孔,後足鎖在第 5 孔

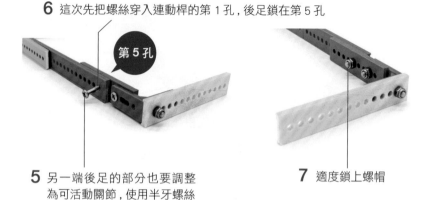

第 5 孔

5 另一端後足的部分也要調整為可活動關節,使用半牙螺絲

7 適度鎖上螺帽

🔵 硬體補給站

可活動關節的鎖螺絲技巧

可活動關節的部分,鎖太緊會無法動彈;鎖太鬆則連桿結構鬆軟,運作時也容易互卡。簡單的技巧是先鎖到底(都不能活動)後,再逆轉起子逐漸放鬆。但怎麼判斷是否剛好呢?

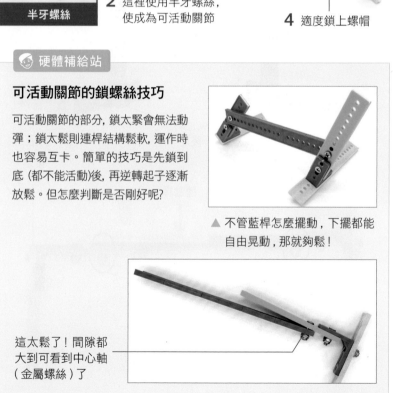

▲ 不管藍桿怎麼擺動,下擺都能自由晃動,那就夠鬆!

這太鬆了!間隙都大到可看到中心軸(金屬螺絲)了

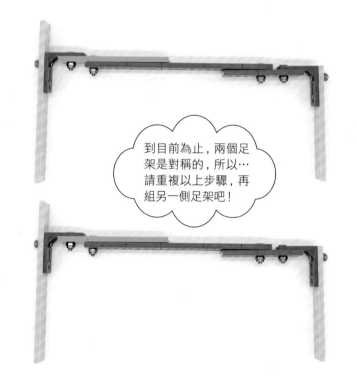

到目前為止,兩個足架是對稱的,所以…請重複以上步驟,再組另一側足架吧!

鎖上傳動臂

請注意, 加上傳動臂之後, 左、右側足架就有差異、不能再交換了! 因此, 後續的步驟請記得分清楚左、右足!

▼ 零件表

零件名稱	數量
左足側架	1 個
右足側架	1 個
傳動臂	2 個
塑膠螺絲、螺帽	4 組

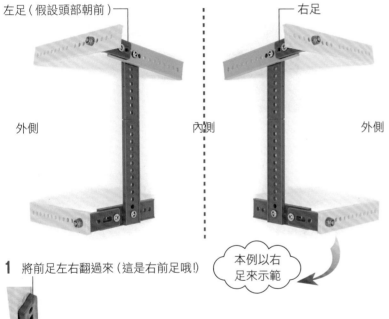

左足 (假設頭部朝前)

右足

外側　　　內側　　　外側

本例以右足來示範

1 將前足左右翻過來 (這是右前足哦!)

4 先從傳動臂外側的 M3 鎖孔穿入塑膠螺絲, 再穿過綠桿右側的第 1、7 孔

第 1 孔

第 7 孔

2 擺好連動桿的後足方向

3 傳動臂的正面 (有手指頭) 須朝外側

用金屬起子鎖塑膠螺絲時, 常容易鎖太緊, 造成崩牙、或螺絲頭十字孔損毀, 請注意拿捏力道!

同樣的方式, 請自行將左足完成

5 再翻過來, 用塑膠螺帽鎖在綠桿的第 1、7 孔

左足　　　　右足

此時, 前足已不能隨意翻轉, 左、右足皆已成定局, 不可互換

支撐足

▼ 零件表

零件名稱	數量
黃 (短桿)	2 個
黃 (長桿)	1 個
M3 螺絲 (12mm)、螺帽	2 組
傳動臂	1 個
塑膠螺絲、螺帽	2 組

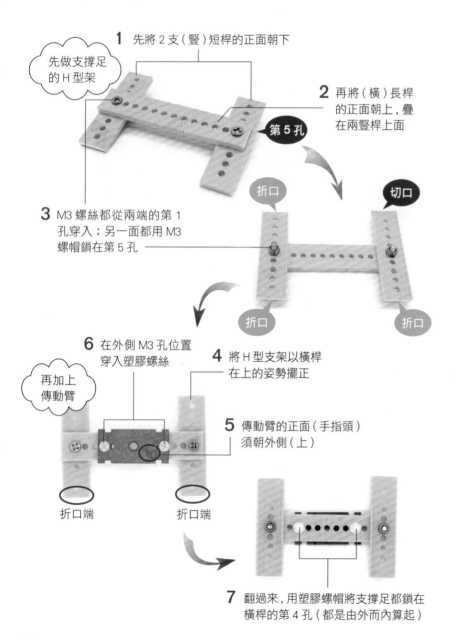

1 先將 2 支（豎）短桿的正面朝下

先做支撐足的 H 型架

2 再將（橫）長桿的正面朝上，疊在兩豎桿上面

第 5 孔

3 M3 螺絲都從兩端的第 1 孔穿入；另一面都用 M3 螺帽鎖在第 5 孔

折口　　　切口

折口　　　折口

6 在外側 M3 孔位置穿入塑膠螺絲

4 將 H 型支架以橫桿在上的姿勢擺正

再加上傳動臂

5 傳動臂的正面（手指頭）須朝外側（上）

折口端　　　折口端

7 翻過來，用塑膠螺帽將支撐足都鎖在橫桿的第 4 孔（都是由外而內算起）

主支架

主支架也是組裝重點，請耐心的依序、逐階段進行組裝！

🔌 **方框**

接下來要用這些零件，組成主支架用的方框

▼ 零件表

零件名稱	數量
綠（短短桿）	3 個
綠（長桿）	1 個
L 型支架 (藍)	2 個
M3 螺絲（12mm）、螺帽	6 組

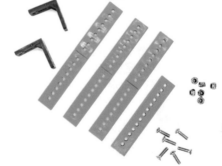

2 綠色短短桿折口端朝支架、正面也朝支架
（兩側凸邊可自然扣住 L 型支架）

先做兩個側邊條

折口

第 5 孔

3 M3 螺絲從支架短邊
內角孔，由內往外穿
出，到綠桿左端 5 孔

1 L 型支架短邊朝綠桿

4 用螺帽鎖住

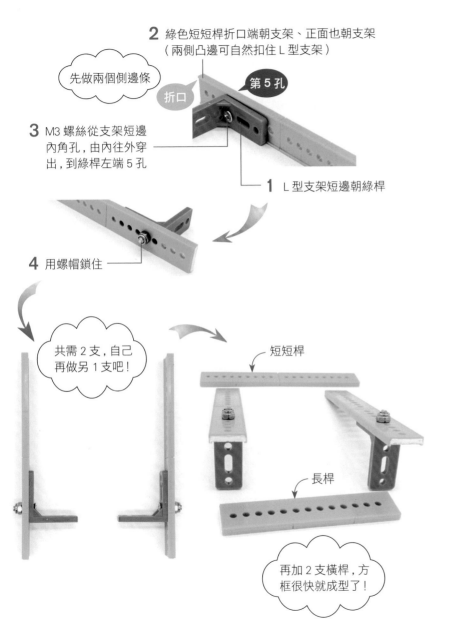

共需 2 支，自己
再做另 1 支吧！

短短桿

長桿

再加 2 支橫桿，方
框很快就成型了！

請如下操作：

1 將後端的短短桿（反面朝上、折口朝左），擺在兩側桿（反面朝上）的下方

第 4 孔

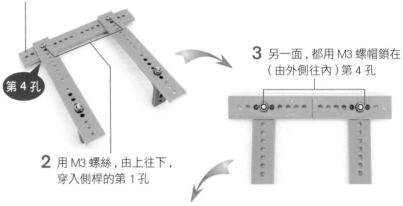

3 另一面，都用 M3 螺帽鎖在
（由外側往內）第 4 孔

2 用 M3 螺絲，由上往下，
穿入側桿的第 1 孔

再來是前橫桿，先將框架翻過來：

4 綠長桿的反面朝 L 型支架、折口朝左，上壓 L 型支架

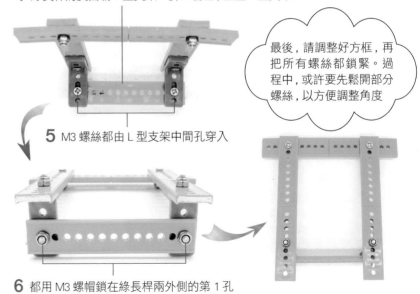

5 M3 螺絲都由 L 型支架中間孔穿入

最後，請調整好方框，再
把所有螺絲都鎖緊。過
程中，或許要先鬆開部分
螺絲，以方便調整角度

6 都用 M3 螺帽鎖在綠長桿兩外側的第 1 孔

3 組驅動馬達組 (左、中=右)

本程序要完成 3 組驅動馬達組，請先分清楚各馬達的安裝方向：

▼ 零件表

零件名稱	數量
伺服馬達	3 組
伺服馬達支架	3 組

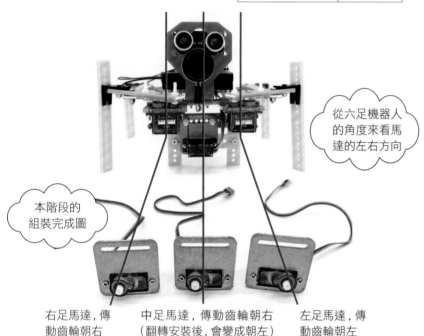

從六足機器人的角度來看馬達的左右方向

本階段的組裝完成圖

右足馬達，傳動齒輪朝右　　中足馬達，傳動齒輪朝右（翻轉安裝後，會變成朝左）　　左足馬達，傳動齒輪朝左

接下來再以下列程序組裝馬達：

1 將傳動齒輪擺至正確方向後（本例為右足），即可將伺服馬達卡入支架內

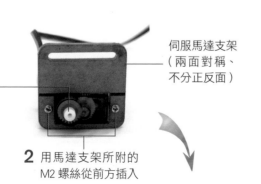

伺服馬達支架（兩面對稱、不分正反面）

2 用馬達支架所附的 M2 螺絲從前方插入

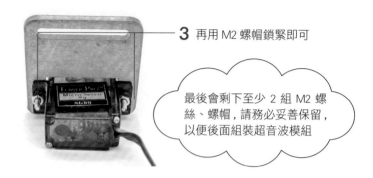

3 再用 M2 螺帽鎖緊即可

最後會剩下至少 2 組 M2 螺絲、螺帽，請務必妥善保留，以便後面組裝超音波模組

完成右馬達組後，請自行組裝中、左馬達組；請記得先確認傳動齒輪的方向，並在完成後，與前面的階段完成圖比對無誤。

在方框上, 安裝中間(支撐足)馬達

馬達準備好了，那就陸續把它們安裝到方框上。先從中間的馬達開始：

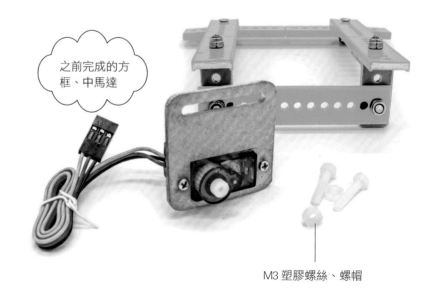

之前完成的方框、中馬達

M3 塑膠螺絲、螺帽

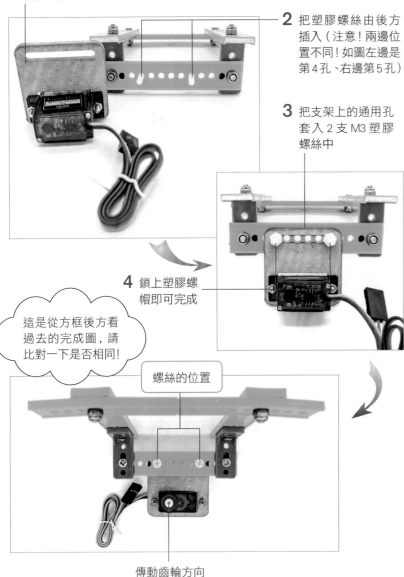

1 先把馬達組左右翻轉（傳動齒輪已被轉到另一側）

2 把塑膠螺絲由後方插入（注意！兩邊位置不同！如圖左邊是第4孔、右邊第5孔）

3 把支架上的通用孔套入2支M3塑膠螺絲中

4 鎖上塑膠螺帽即可完成

這是從方框後方看過去的完成圖，請比對一下是否相同！

螺絲的位置

傳動齒輪方向

在方框上，安裝左、右足馬達

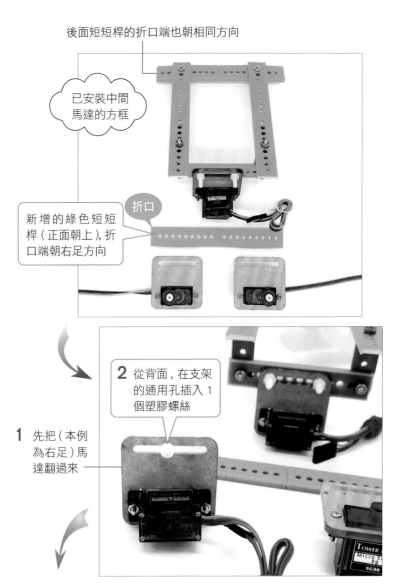

後面短短桿的折口端也朝相同方向

已安裝中間馬達的方框

折口

新增的綠色短短桿（正面朝上），折口端朝右足方向

2 從背面，在支架的通用孔插入1個塑膠螺絲

1 先把（本例為右足）馬達翻過來

4 用已穿過支架的塑膠螺絲，繼續穿過桿子的（由外而內）第 4 孔

3 再把馬達翻過來，把綠色長短桿放在上方

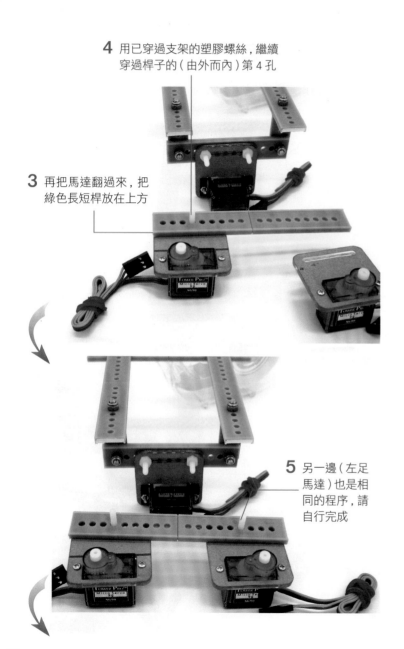

5 另一邊（左足馬達）也是相同的程序，請自行完成

6 再把左、右的螺絲分別穿過方框側桿的第 1 孔，徒手用塑膠螺帽來固定零件位置（暫不鎖緊，馬達都還能滑動位置）

7 接下來要整組翻轉到背面來

8 新增 1 組塑膠螺絲，穿過支架通用孔（靠近中間馬達那側），鎖在綠長短桿的第 6 孔

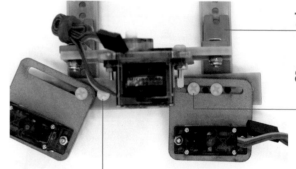

這邊也是相同步驟哦！本側是故意做錯誤示範：螺絲位置對了，但沒有穿過支架通用孔

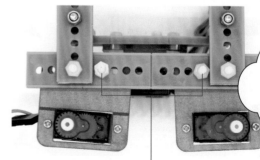

9 翻回正面、在另一側，同樣徒手用螺帽、暫時固定零件位置

比對一下，螺絲、螺帽的位置；目前尚未鎖定，馬達都是鬆的、可以左右滑動

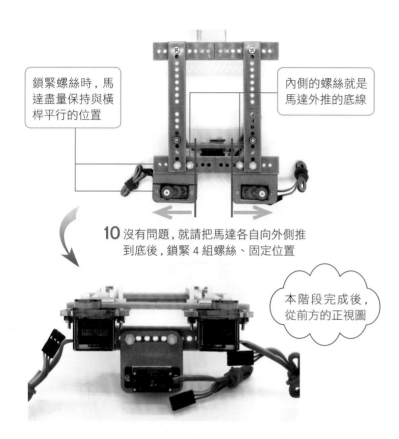

鎖緊螺絲時，馬達盡量保持與橫桿平行的位置

內側的螺絲就是馬達外推的底線

10 沒有問題，就請把馬達各自向外側推到底後，鎖緊 4 組螺絲、固定位置

本階段完成後，從前方的正視圖

在方框上, 裝上 Flag's 1 控制板與擴充板

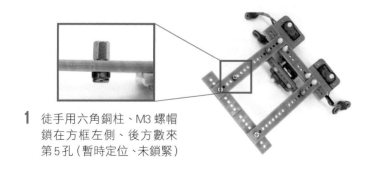

1 徒手用六角銅柱、M3 螺帽鎖在方框左側、後方數來第 5 孔（暫時定位、未鎖緊）

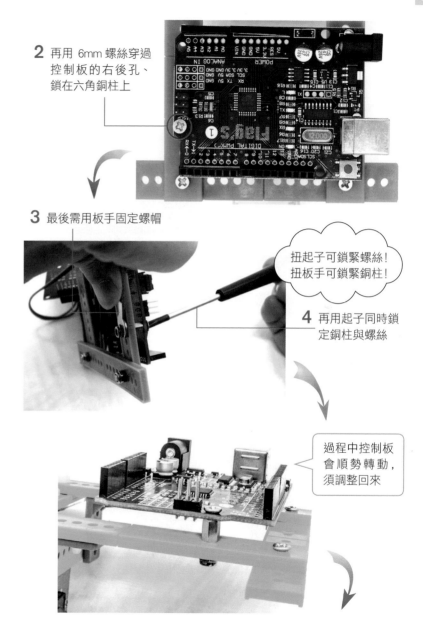

2 再用 6mm 螺絲穿過控制板的右後孔、鎖在六角銅柱上

3 最後需用板手固定螺帽

扭起子可鎖緊螺絲！扭板手可鎖緊銅柱！

4 再用起子同時鎖定銅柱與螺絲

過程中控制板會順勢轉動，須調整回來

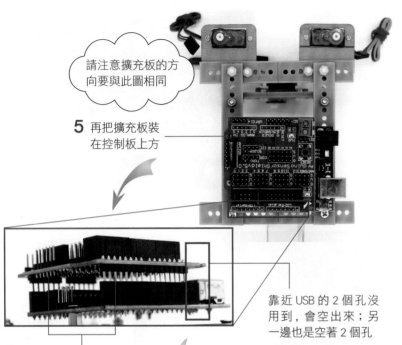

請注意擴充板的方向要與此圖相同

5 再把擴充板裝在控制板上方

靠近 USB 的 2 個孔沒用到，會空出來；另一邊也是空著 2 個孔

6 從側邊檢查，擴充板下方兩側的針腳，要一一對應、並插入下方控制板的插槽內

7 接下來用手指夾住兩板側邊、慢慢均勻施力，讓擴充板完全插入控制板上

接上馬達電路

3 組馬達都類似，以中間馬達說明佈線、接線方式。先從正前方開始

1 從正前方，把電線繞進兩隻綠桿中間

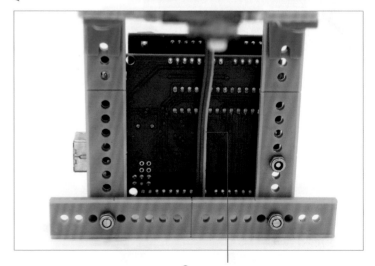

2 穿越控制板下方

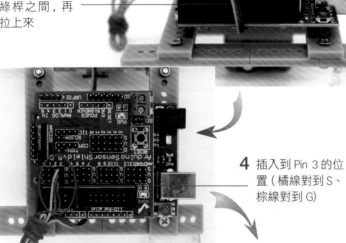

3 直到方框尾端，穿過控制板與綠桿之間，再拉上來

4 插入到 Pin 3 的位置（橘線對到 S、棕線對到 G）

5 請用相同的佈線方式，將左、右馬達的接線分別接到正確位置！

6 中、左、右馬達分別接在 Pin 3、4、5

超音波頭部

我們準備將超音波模組鎖到頭部，請拿出之前組裝伺服馬達支架剩下的 M2 螺絲與螺帽。

▼ 零件表

零件名稱	數量
超音波模組	1 個
超音波模組支架	1 個
M2 螺絲、螺帽	2 組
杜邦線	4 條
喇叭	1 個
泡棉雙面膠	1 個

2 使用 M2 螺絲分別穿入左下、右上兩孔（對角線）

1 先把超音波模組疊在支架外側

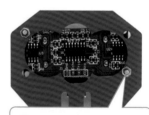

3 螺絲也要穿過支架上的對應孔，再鎖上 M2 螺帽，並鎖緊固定

左邊 2 條（黑、白）、右邊 2 條（灰、紫）

4 取出黑白灰紫 4 條杜邦線，從支架後面的孔洞穿出到前面

5 翻到前面，將 4 條杜邦線，依序插在超音波模組的 4 個腳位（依圖由右而左，黑、白、灰、紫分別是 GND、Echo、Trig、VCC）

6 雙面膠貼在喇叭背部

7 將喇叭紅黑線由 2 孔穿過支架

8 再撕開雙面膠的另一側，貼在超音波模組腳位上的 4 個杜邦頭

▲ 完成圖

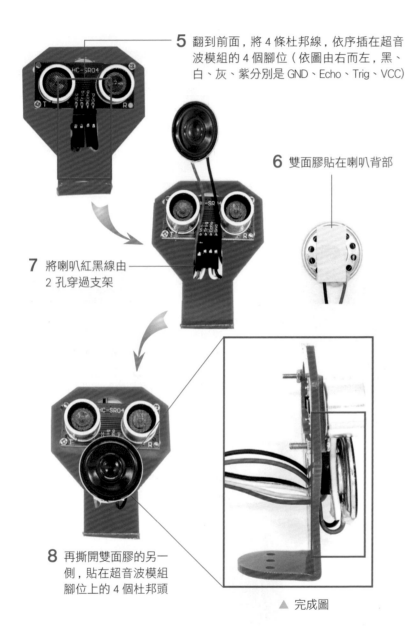

至此，主支架與所有的部位都完成了！進行最後的組合吧！

對馬達的傳動齒輪進行置中定位

3 此時應該會聽到馬達轉動的聲音，然後停止，表示馬達已經完成傳動齒輪置中設定

請注意，馬達一定要先置中定位；否則輕者只會行走異常，重者可會卡住、燒毀馬達哦！

2 先通電（為了方便，本例接了小型行動電源；您也可使用電腦的 USB 孔或手機的USB充電器）

1 在組裝階段，還需要再用 1 條杜邦線，把 Pin 2 的 S、G 接在一起

設定好即可移除 USB 電源

在主支架上,安裝支撐足

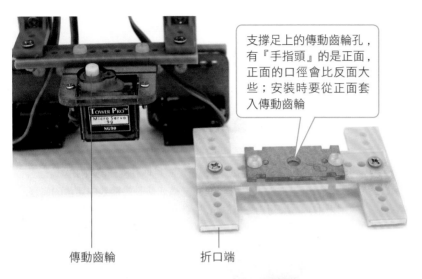

支撐足上的傳動齒輪孔,有『手指頭』的是正面,正面的口徑會比反面大些;安裝時要從正面套入傳動齒輪

傳動齒輪　　　折口端

折口　　　　　　折口

2 稍壓緊不動、不要移位,再用傳動齒輪固定螺絲(長)鎖好

1 將支撐足左右翻轉,再讓齒輪孔覆蓋上傳動齒輪(要先調整好角度,讓傳動臂、與伺服馬達支架的邊緣盡量平行)

在主支架上,安裝左、右側足架的後足

先裝後足,配合剛裝好的支撐足,以構成三點穩定結構

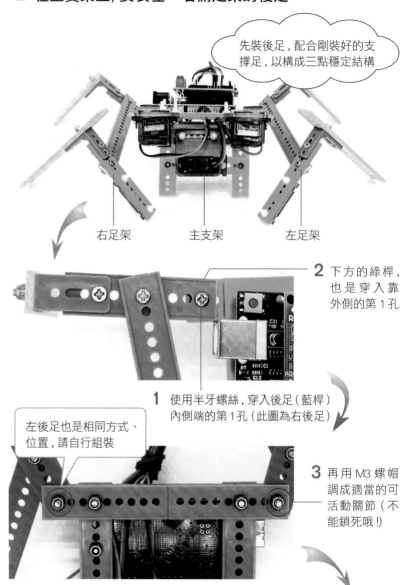

右足架　　　主支架　　　左足架

2 下方的綠桿,也是穿入靠外側的第1孔

1 使用半牙螺絲,穿入後足(藍桿)內側端的第1孔(此圖為右後足)

左後足也是相同方式、位置,請自行組裝

3 再用 M3 螺帽調成適當的可活動關節(不能鎖死哦!)

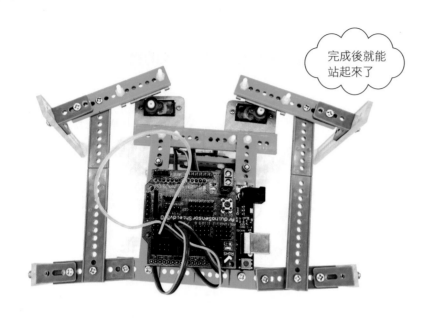

完成後就能
站起來了

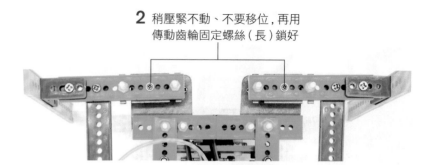

2 稍壓緊不動、不要移位, 再用
傳動齒輪固定螺絲 (長) 鎖好

安裝完之後, 可再次通電, 檢視左、右足傳動齒輪的置中位置是否
對稱？鎖固定螺絲的過程, 有可能造成傳動齒輪致中定位的偏移,
所以組好之後, 可再通電試試, 檢查三足的置中位置是否正確:

在主支架上, 安裝左、右側足架的前足

1 接下來只要把前足傳動臂上的齒輪孔, 套上傳動齒輪 (同樣要
先調整好角度, 讓傳動臂、與伺服馬達支架的邊緣盡量平行)

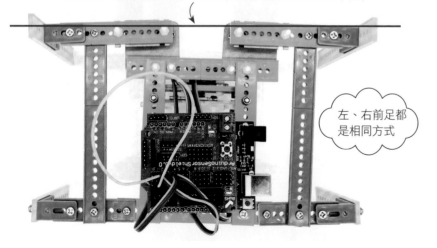

左、右前足都
是相同方式

請移除
Pin-2 杜邦線

左足　　　　　　　　　　支撐足　　　　　　　　右足

　　如果不對, 可先鬆開固定螺絲、改在通電時 (也就是持續讓馬達保持在置中
位置), 調整傳動臂的位置後, 重新鎖緊。

在主支架上, 安裝超音波頭部

2 再把螺絲固定在折線的右 1 孔

> 頭部的安裝很單純, 只要上 1 組 M2 螺絲

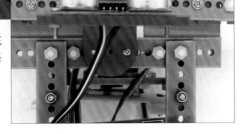

1 先用 M2 螺絲鎖入支架底部的右側孔 (孔可能略小, 可用起子協助鎖入)

螺絲過度鎖緊會造成支架破裂, 只須轉至不會任意搖晃即可。

3 翻過來, 再鎖上 M2 螺帽

4 接下來要把接在超音波模組的 4 條杜邦線與喇叭 2 條杜邦線, 從側邊塞入擴充板與控制板之間

> 括號內是超音波模組上的腳位名稱。不管您用甚麼顏色的線, 都要確認杜邦線兩端是正確接法!

5 繞到尾部後拉出另一端的杜邦頭, 再依黑、白、灰、紫線的順序, 接在 Pin-9 G (GND)、Pin-9 S (Echo)、Pin-10 S (Trig)、Pin-10 V (VCC)

白 灰

黑 紫

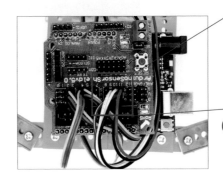

6 將喇叭杜邦線分別接在 Pin-11 G、Pin-11 S 即可, 顏色沒關係

接上電池盒

▲ 若露出線太長，可將尾端內折、留約 5 mm 長度即可

▲ 翻過來，滑蓋式外殼可往這邊推開、安裝電池

再提醒一次，請使用全新、鹼性電池才夠力！二手電池無法保證電力是否足夠，而一般電池通常撐不久

1 請先將電池置入電池盒（請注意每顆電池的極性方向）

3 推入此空間

請注意，推入時，超音波模組的接線是在電池盒上方，並留意線的兩端沒有被扯落

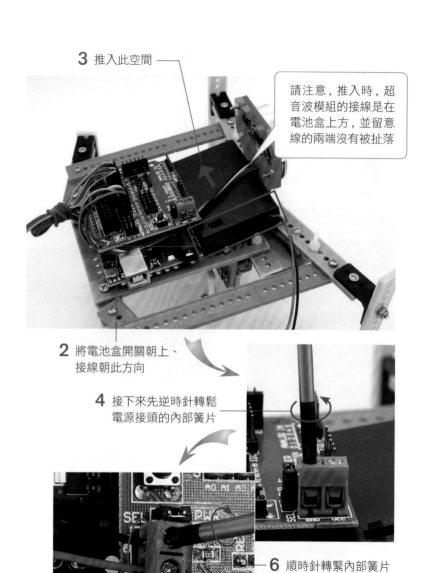

2 將電池盒開關朝上、接線朝此方向

4 接下來先逆時針轉鬆電源接頭的內部簧片

6 順時針轉緊內部簧片

5 插入電線（紅線到 VCC、黑線到 GND）

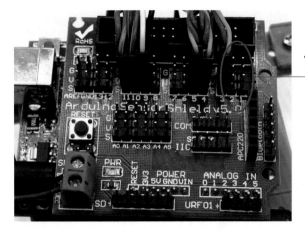

7 最後，記得
移除 Pin 2
的接線

通電、開機

安裝完畢，請找個平面空間，再打開電源。六足機器人將左、右擺動地往前移動；直到前方（約 2~15 公分）出現障礙物時，會出現驚嚇聲、害怕發抖，繼而後退、右轉；迴避障礙物後，再繼續前進。

示範影片可用手機、行動裝置掃描 QR code，或參閱網址 https://goo.gl/XUzrDx。

現在，您可以把它放在家中地板，讓它自己到處閒逛，遇到牆壁、桌椅等家具，都會自動閃避哦! 不過，請關心家裡寵物的情緒，可別以為有人來搶地盤，一掌給它啪下去，那會 GG 的~~~

直線前進的調整經驗談

您可能會發現六足機器人前進時會偏向某一邊；這有很多因素，例如場地（太光滑摩擦力不足、太粗糙會阻礙移動）、左右馬達本身的特性差異、電池供電的狀況等。

若想改善此狀況，可以試著調整中間 H 型支撐足左、右腳的角度。調整時，建議先讓中間 H 型支撐足左、右腳的角度對稱（如本書均從兩腳垂直）開始，試著稍微改變中間 H 型支撐足的一隻腳角度，再重新啟動電源，觀察其行進的變化；過程中，或許需要反覆嘗試不同的角度組合。

左支撐腳　　　　　　　　　右支撐腳

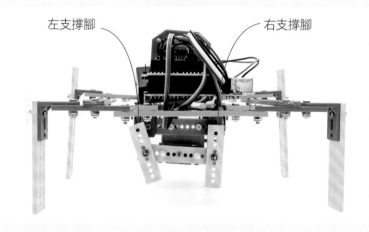

以上圖來說，本機原本在桌面測試可直線前進，換場地後出現往右傾的現象；經調整後，將左支撐腳微幅內彎，就有明顯的改善。

在反覆微調過程中，螺絲可能會鬆掉，請記得檢查、鎖緊（移動時，角度不會改變）。

03 用積木設計程式

創客/自造者/Maker 這幾年來快速發展, 已蔚為一股創新的風潮。由於各種相關軟硬體越來越簡單易用, 即使沒有電子、機械、程式等背景, 只要有想法有創意, 都可輕鬆自造出新奇、有趣、或實用的各種作品。

本書就是以自造『自動避障六足音效機器人』為主軸, 期望藉此拋磚引玉, 讓大家能親自動手當創客, 未來將更多的創意應用在每日生活、玩樂之中。

為了讓機器人能夠自動行走、避障、發出聲音等, 就需要一個控制中心。這個控制中心, 最方便的實踐方式就是採用 **Arduino UNO** 開發板, 可讓我們撰寫程式來進行各種控制。

請不要看到『程式』兩個字就感到害怕, 我們將採用圖像式的積木開發環境 - **Flag's Block**, 只要用滑鼠拉曳積木就可以設計好程式, 讓程式設計就像排積木一樣簡單又容易!

3-1 認識嵌入式系統與 Arduino

什麼是嵌入式系統

顧名思義, **嵌入式系統** (Embedded System) 就是『嵌入』於某項裝置, 『執行特定功能』的電腦系統。舉凡一般家庭中可看到的各式家電、視聽娛樂器材等, 這些設備的核心, 可能就是個執行特定工作的小電腦 (例如計算機會依使用者鍵入的數字、運算符號計算結果, 並顯示在螢幕上)。

嵌入式系統通常只需簡單的輸出、輸入控制, 不需用到像個人電腦這樣等級的『控制中樞』, 因而就有整合了 CPU、RAM 及一些輸出入功能於一身的**微控制器** (Microcontroller, 以下簡稱 MCU), MCU 就相當於將一個基本電腦整合到單一顆 IC 晶片上, 所以有人稱之為**單晶片微電腦**, 或簡稱**單晶片**。

Arduino 簡介

Arduino 的出現, 目的是為了簡化 MCU 嵌入式應用開發流程, 降低學習門檻, 讓更多人能快速投入嵌入式系統的開發。

Arduino 將其設計完全開放, 歡迎所有人一起來研究與生產, 所以市面上有眾多 Arduino 相容開發板, 其功能與原廠相同, 提供了更多樣化的選擇。Arduino 有多種不同型號的開發板, 其中最常見的就是 UNO 開發板:

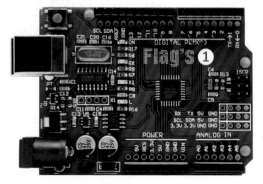

◀ 本書的主角: **旗標**公司的 Arduino UNO 相容開發板

Arduino 開發平台包括 **Arduino 開發板** (或稱控制板) 及 **Arduino IDE** (整合開發環境)，一般提到 Arduino 時，有時是指整個軟硬體開發平台，有時則單指硬體開發板或軟體的開發環境。

▲ 用來設計程式的 Arduino IDE

3-2 降低入門門檻的 Flag's Block

雖然 Arduino 的目的是為了簡化 MCU 嵌入式應用開發流程，但是本質上仍是採用 C/C++ 程式語言進行開發，對於沒有學過 C/C++ 程式語言的人，仍然具有不低的入門門檻。

可能很多人聽到程式語言四個字就開始發慌，打開 Arduino IDE 看到一堆英文字就開始頭疼，難道當創客一定要先學習 C/C++ 程式語言嗎？

為了降低學習 Arduino 開發的入門門檻，**旗標**公司特別開發了一套圖像式的積木開發環境 - **Flag's Block**，有別於傳統文字寫作的程式設計模式，Flag's Block 使用積木組合的方式來設計邏輯流程，加上全中文的介面，能大幅降低一般人對程式設計的恐懼感。

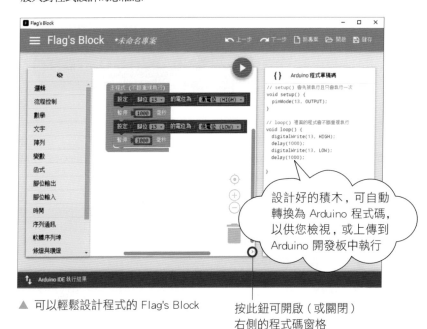

▲ 可以輕鬆設計程式的 Flag's Block

設計好的積木，可自動轉換為 Arduino 程式碼，以供您檢視，或上傳到 Arduino 開發板中執行

按此鈕可開啟 (或關閉) 右側的程式碼窗格

透過 Flag's Block 這套容易上手的開發環境，任何人只要有創意、有想法，都可以學習當一個創客，不必再因為學不會程式語言而卻步。

3-3 使用 Flag's Block 開發 Arduino 程式

連接 Arduino

在開發 Arduino 程式之前，請先將 Arduino 開發板插上 USB 連接線，USB 線另一端接上電腦：

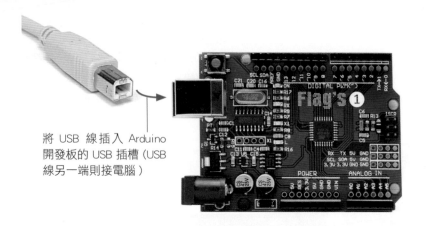

將 USB 線插入 Arduino
開發板的 USB 插槽 (USB
線另一端則接電腦)

安裝與設定 Flag's Block

請使用瀏覽器連線 http://www.flag.com.tw/download.asp?fm604a 下載
Flag's Block, 下載後請雙按該檔案, 如下進行安裝:

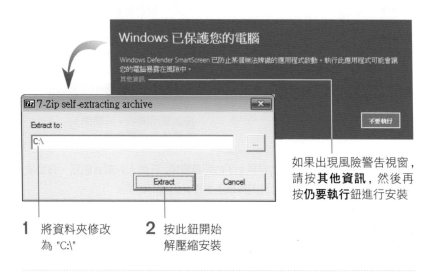

如果出現風險警告視窗,
請按**其他資訊**, 然後再
按**仍要執行**鈕進行安裝

1 將資料夾修改
為 "C:\"

2 按此鈕開始
解壓縮安裝

macOS 使用者請連線至旗標創客官網 https://www.flag.com.tw/maker
再由上方選單『軟體下載』參照『Flag's Block 安裝說明手冊』,
並點選『Flag's Block macOS版』進行下載。

安裝完畢後, 請執行『**開始/電腦**』命令, 切換到 "C:\FlagsBlock" 資料夾,
依照下面步驟開啟 Flag's Block 然後安裝驅動程式:

1 雙按 **Start.exe** 檔案

若出現 **Windows 安全性警訊**(防火
牆)的詢問交談窗, 請選取**允許存取**

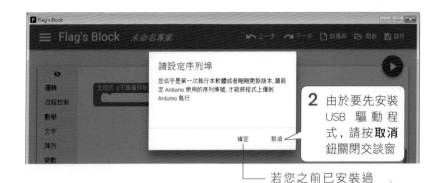

2 由於要先安裝 USB 驅動程式,請按**取消**鈕關閉交談窗

若您之前已安裝過驅動程式,可按**確定**鈕直接進行設定

3 按此鈕開啟選單　　執行此命令可安裝 Arduino 原廠開發板的 USB 驅動程式

4 執行『**安裝驅動程式 (FLAG'S 1)**』命令

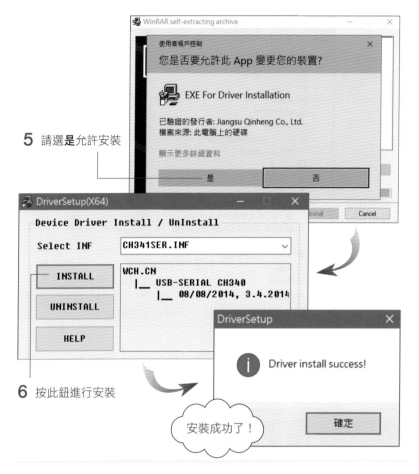

5 請選**是**允許安裝

6 按此鈕進行安裝

安裝成功了!

 安裝時如果顯示 "Driver install failure!" 的安裝失敗訊息, 通常都是 Arduino 未連接到電腦的原因, 請連接後再重新安裝一次。

安裝好驅動程式之後, 請再次確定 Arduino 已經連接到電腦, 然後在左下角的開始圖示上按右鈕執行『**裝置管理員**』命令 (Windows 10 系統), 或執行『**開始/控制台/系統及安全性/系統/裝置管理員**』命令 (Windows 7 系統), 來開啟裝置管理員, 尋找 Arduino 板使用的序列埠:

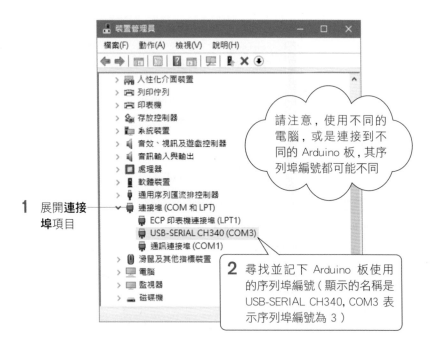

1 展開**連接 埠**項目

請注意, 使用不同的 電腦, 或是連接到不 同的 Arduino 板, 其序 列埠編號都可能不同

2 尋找並記下 Arduino 板使用 的序列埠編號 (顯示的名稱是 USB-SERIAL CH340, COM3 表 示序列埠編號為 3)

找到 Arduino 板使用的序列埠後, 請如下設定 Flag's Block:

1 按此鈕開啟選單

2 執行『**設定**』命令

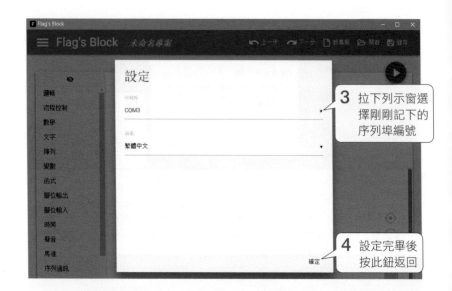

3 拉下列示窗選 擇剛剛記下的 序列埠編號

4 設定完畢後 按此鈕返回

目前已經完成安裝與設定工作, 接下來我們將開始使用 Flag's Block 開發 Arduino 程式。

LAB 01 閃爍 LED 燈

實驗目的

使用 Flag's Block 開發 Arduino 程式, 在程式中閃爍 Arduino 板上內建 的 LED 燈。

設計原理

Arduino 輸出入腳位

為了能讀取外部送入的資料、感測資訊, 以及主動輸出以控制外部元件, MCU 都會有一些輸出入腳位。在 Arduino 控制板上已將其 MCU 的輸出入 腳位接到板子兩側的插座, 以一般常見的杜邦線、單芯線連接, 就等於連接到 MCU 的輸出入腳位。

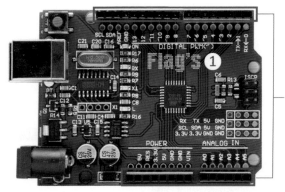

— 輸出入腳位

內建的 LED 燈 (標示為 L, 顏色因生產差異可能不同)

輸出入腳位旁邊都有標示編號及用途 (有些則只標示編號)：

- 標示 0～13 的腳位是可用於**數位** (Digital) 輸出入的腳位, 亦即由這些腳位可讀取或輸出**高電位** (代表 1) 或**低電位** (代表 0) 的狀態。

- 標示 A0～A5 的腳位可用於讀取**類比** (Analog) 訊號。

本章將說明如何使用這些腳位來輸出高低電位。

■ LED 原理

LED (發光二極體) 的運作原理相當簡單, 只要在正確方向輸入足夠的電壓、適當電流, 就會使其發光 (逆向通電則不會發光)。

要產生電流, 就像水從高水位處往低水位處流一樣, 必須讓電路的兩端有高低電位差, 就會讓電從高電位往低電位處流動。所以我們只要讓 Arduino 腳位輸出高電位, 讓電流向低電位處, 當電流流過 LED 燈就會使其發光；反之若 Arduino 腳位輸出低電位, 因為電路兩端沒有高低電位差, 電流停止流動, LED 燈就會熄滅。

為了方便使用者, Arduino 板上已經內建了一個 LED 燈, 在 Arduino 板內的電路一端連接到腳位 13, 另一端連接到低電位處, 所以在程式中將腳位 13 設為高電位, 即可點亮這個內建的 LED 燈。

■ 程式執行流程

一般嵌入式系統的應用程式有個特色, 就是不斷執行某項工作 (直到關閉電源)。舉例來說, 某個電子測距裝置, 其工作就可能是不斷地『測量本身和前方物體的距離, 並將結果顯示在液晶螢幕上』；如果它是一個展示用的機器人, 那麼其工作則可能是不斷地前後或繞圈行走。

當我們使用 Flag's Block 開發 Arduino 程式時, 像上述這樣『測量距離並顯示結果』、或『不斷行走』的重複工作, 請放在**主程式**的積木中, Arduino 就會不斷重複執行其程式 (除非電源被拔除或發生程式當掉等意外狀況)。

如果程式需要進行初始化的工作, 例如初始化伺服馬達並指定連接的腳位 (此工作只需做一次), 請將這些工作放在 **SETUP 設定**積木內, 在此積木內的程式會率先被執行且只會執行 1 次。

 SETUP 設定積木位於**流程控制**類別中, 有需要時再加入即可。

整個系統程式的執行流程如下：

◎ 開始

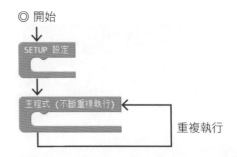

重複執行

所以若我們想要設計程式讓 LED 持續閃爍，只要在**主程式**積木中，讓 LED 一亮一暗，Arduino 就會一直持續重複此動作，達到 LED 持續閃爍的效果。

設計程式

請切換到 "C:\FlagsBlock" 資料夾，雙按 **Start.exe** 開啟 Flag's Block：

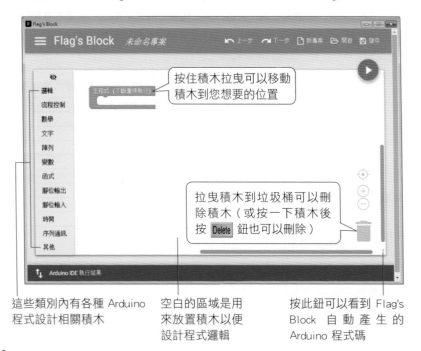

這些類別內有各種 Arduino 程式設計相關積木

空白的區域是用來放置積木以便設計程式邏輯

按此鈕可以看到 Flag's Block 自動產生的 Arduino 程式碼

1 按一下**腳位輸出**以展開類別　**2** 拉曳此積木到**主程式**積木內部

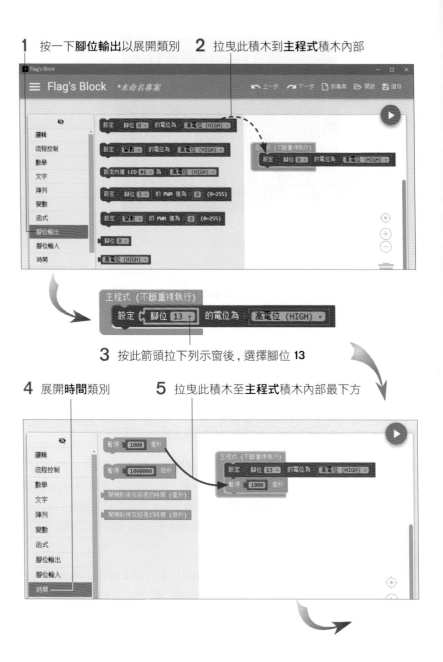

3 按此箭頭拉下列示窗後，選擇腳位 **13**

4 展開**時間**類別　**5** 拉曳此積木至**主程式**積木內部最下方

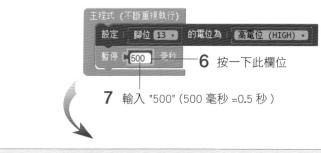

6 按一下此欄位

7 輸入 "500"（500 毫秒 =0.5 秒）

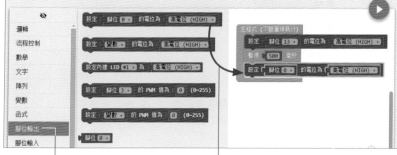

8 展開**腳位輸出**類別　　**9** 拉曳此積木至**主程式**積木內部最下方

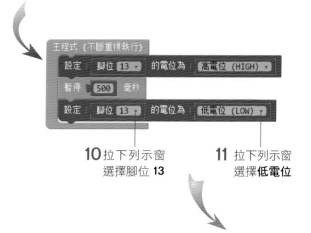

10 拉下列示窗
選擇腳位 **13**

11 拉下列示窗
選擇**低電位**

12 展開**時間**類別　　**13** 拉曳此積木至**主程式**積木內部最下方

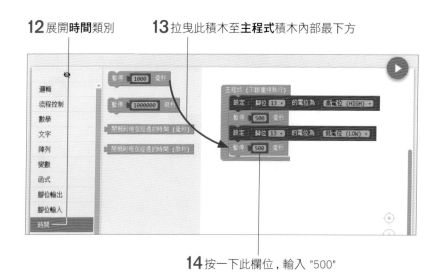

14 按一下此欄位，輸入 "500"

設計到此，就已經大功告成了，完整的架構如下：

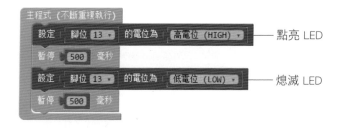

點亮 LED

熄滅 LED

儲存專案

程式設計完畢後，請先儲存專案：

按**儲存**鈕即可儲存專案

如果是新專案第一次儲存，會出現交談窗讓您選擇想要儲存專案的資料夾及輸入檔名：

1 切換到想要儲存專案的資料夾

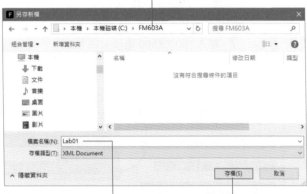

2 輸入專案名稱（在儲存時會自動加上副檔名而成為 Lab01.xml）

3 按此鈕儲存

😊 軟體補給站

如果看不到儲存鈕

如果因為畫面太窄看不到**儲存**鈕，請開啟選單即可執行『儲存』命令：

1 按此鈕開啟選單

2 執行『**儲存**』命令

😊 軟體補給站

開啟已儲存的專案或範例專案

日後若您想要重新開啟之前儲存的專案，請如下操作：

1 按**開啟**鈕

接下頁

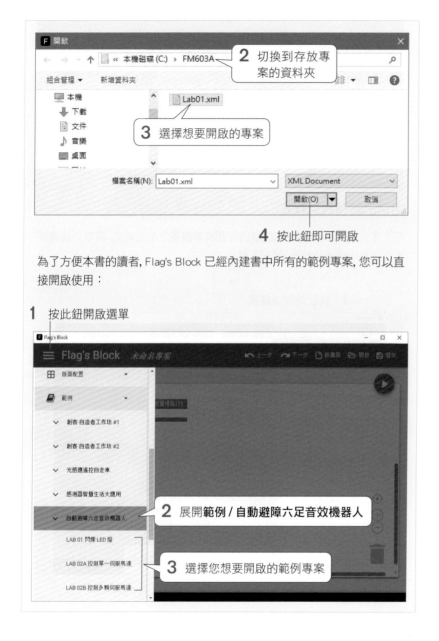

4 按此鈕即可開啟

為了方便本書的讀者, Flag's Block 已經內建書中所有的範例專案, 您可以直接開啟使用:

1 按此鈕開啟選單

2 展開**範例 / 自動避障六足音效機器人**

3 選擇您想要開啟的範例專案

📥 將程式上傳到 Arduino 板

為了將程式上傳到 Arduino 板執行, 請先確認 Arduino 板已用 USB 線接至電腦, 然後依照下面說明上傳程式:

按此鈕開始上傳程式

如果出現 **Windows 安全性警訊**(防火牆)的詢問交談窗, 請選取**允許存取**

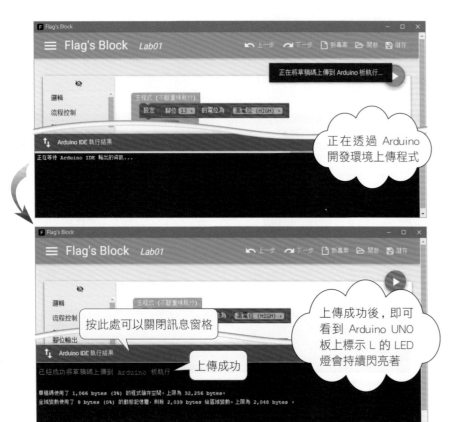

正在透過 Arduino 開發環境上傳程式

按此處可以關閉訊息窗格

上傳成功

上傳成功後，即可看到 Arduino UNO 板上標示 L 的 LED 燈會持續閃亮著

若您看到紅色的錯誤訊息，請如下排除錯誤：

此訊息代表您的電腦無法與 Arduino 連線溝通，請將連接 Arduino 的 USB 線拔除重插

此訊息表示電腦找不到 Arduino 使用的序列埠，請依照前面的說明重新設定序列埠

回復出廠預錄之程式

在上傳到 Arduino 之後，您開發的程式將會覆蓋之前的程式，若想要讓機器人恢復為出廠預錄程式，請如下操作：

1 按此鈕開啟選單

2 展開**範例 / 自動避障六足音效機器人**

3 選擇**出廠預先燒錄程式**

然後請按 鈕將程式上傳，即可再次使用六足機器人。

04 讓六足機器人行走 -- 伺服馬達

本套件的六足機器人身上共有 3 顆『**伺服馬達**』(Servo)，其可旋轉的角度都是 0~180 度。有別於一般只能控制旋轉方向（正轉或反轉）及旋轉速度的**直流馬達**，**伺服馬達**能夠精準控制馬達的旋轉角度，特別適用於需要定位的場合。

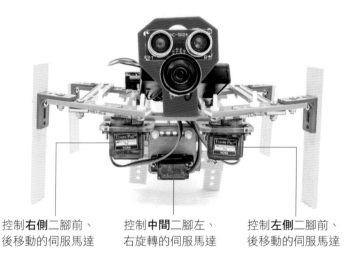

控制**右側**二腳前、後移動的伺服馬達　　控制**中間**二腳左、右旋轉的伺服馬達　　控制**左側**二腳前、後移動的伺服馬達

底下我們先教您控制伺服馬達的轉動，然後學習機器人的前進與後退，最後再加入左右轉的功能。

LAB 02A 控制單一伺服馬達

實驗目的

學習控制伺服馬達的轉動。我們將以左邊腳的伺服馬達來練習，讓馬達不斷交互轉到 75 度與 130 度，每次轉動完都會休息 2 秒。

以下是伺服馬達轉動的角度：

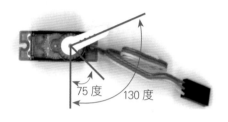

75 度　130 度

所以轉到 75 度會讓左腳往前移，轉到 130 度則往後移：

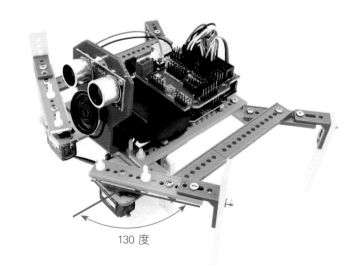

130 度

設計原理

我們可藉由 Arduino 上的腳位輸出來控制伺服馬達, 由於在 Flag's Block 中已建好了伺服馬達的積木, 因此只要知道伺服馬達是由哪個腳位控制, 即可輕鬆控制其旋轉角度:

伺服馬達	連接 Arduino 腳位
中間	3
左邊	4
右邊	5

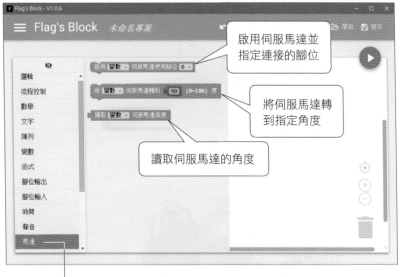

啟用伺服馬達並指定連接的腳位

將伺服馬達轉到指定角度

讀取伺服馬達的角度

選取**馬達**類別即會列出相關積木

在開始實驗之前, 請確定每個伺服馬達都已連接到正確的 Arduino 腳位:

設計程式

請先啟動 Flag's Block 程式, 然後如下操作:

1. 先加入 **SETUP 設定**積木, 並在其中加入啟用左邊伺服馬達的積木:

1 加入**流程控制 / SETUP 設定**積木

2 加入**馬達 / 啟用變數伺服馬達使用腳位 0** 積木

3 按向下箭頭

4 選**新變數**來新增一個變數

5 輸入變數名稱

6 按**確定**鈕

新變數名稱:

左邊

確定　取消

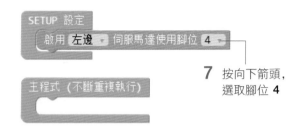

7 按向下箭頭,
選取腳位 **4**

以上建立了一個名為**左邊**的伺服馬達變數, 所謂**變數**, 就是一個具有**名稱**且可儲存**資料** (例如數值、字串等) 或**物件** (例如伺服馬達物件) 的空間。每個變數在使用前都要先取名, 然後即可用該名稱來讀取或變更其儲存的資料, 或是進行物件的操作 (例如轉動伺服馬達的角度)。

2. 目前已在 **SETUP 設定**積木中加入了啟用**左邊**伺服馬達的積木, 此積木只會在程式一開始時執行一次。接著我們要在**主程式(不斷重複執行)**積木中, 加入轉動**左邊**伺服馬達的積木:

1 加入**馬達 / 將變數伺服馬達轉到 90 度**積木

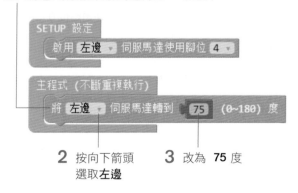

2 按向下箭頭
選取**左邊**

3 改為 **75** 度

3. 以上積木會將左邊馬達轉到 75 度, 再來我們讓它暫停 2 秒, 然後轉到 130 度, 再暫停 2 秒:

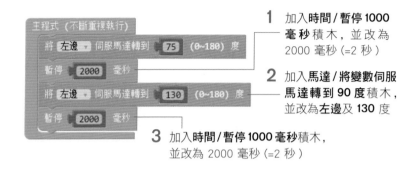

1 加入**時間 / 暫停 1000 毫秒**積木, 並改為 2000 毫秒 (=2 秒)

2 加入**馬達 / 將變數伺服馬達轉到 90 度**積木, 並改為**左邊**及 **130** 度

3 加入**時間 / 暫停 1000 毫秒**積木, 並改為 2000 毫秒 (=2 秒)

當做到上圖中的步驟 2 時, 也可在圖中第 1 個**將左邊伺服馬達轉到 75 度**積木上按右鈕執行『**複製**』命令, 直接複製現成的積木來修改, 以節省時間。

4. 在**主程式(不斷重複執行)**積木中的積木會不斷重複執行, 因此**左邊**馬達會先轉到 75 度然後暫停 2 秒, 接著轉到 130 度再暫停 2 秒, 然後轉回 75 度再暫停 2 秒....如此不斷重複執行:

1 在啟動時會先執行 一 次 **SETUP 設定**中的積木

2 然後不斷重複執行**主程式**中的積木

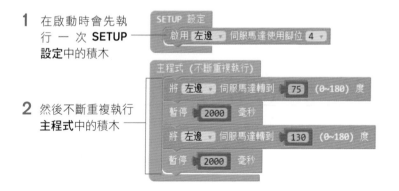

5. 完成後請按右上方的**儲存**鈕將專案儲存為 Lab02.xml 檔。

實測

按右上方的 鈕上傳成功後, 即可看到機器人的左腳會不斷地往前及往後運動, 每動一次暫停 2 秒。

LAB 02B 控制多顆伺服馬達

實驗目的

上一個實驗是讓左邊馬達不斷交互轉到 75 度與 130 度, 以帶動左腳往前及往後運動。本實驗則要讓左、右腳一起運動, 並且不斷重複以下 3 個動作, 每個動作持續 2 秒:

1. 左、右腳都移到與身體垂直的位置 (左、右馬達都轉到 90 度)。

2. 左、右腳都往前。

3. 左、右腳都往後。

設計原理

由於左馬達帶動左腳的方位, 和右馬達帶動右腳的方位剛好相反, 因此同樣是順時針轉, 左馬達會讓左腳往前, 而右馬達則會讓右腳往後:

順時針轉時, 左腳會往前而右腳會往後

當左右馬達都轉到 90 度時, 左、右腳會在水平位置 (和身體垂直)。當左馬達**順**時針轉 15 度 (轉到 75 度) 時, 左腳會往前移動; 若要讓右腳也往前移動同樣幅度, 則須讓右馬達**逆**時針轉 15 度 (轉到 105 度) 才行。

本機器人左/右腳行走的最佳角度, 是左/右腳往前移動時轉 15 度、往後移動時則轉 40 度。因此可計算出左、右腳往前及往後的最佳角度如右:

左腳往前角:	75 度 (=90-15)
左腳往後角:	130 度 (=90+40)
右腳往前角:	105 度 (=90+15)
右腳往後角:	50 度 (=90-40)

減少角度可讓伺服馬達順時針轉 (例如由 90 度轉到 75 度), 增加角度則逆時針轉 (例如由 90 度轉到 130 度)。

若發現左腳或右腳在 90 度時位置有稍微偏差, 則可修改角度來校正。例如發現左腳稍微偏後一點, 則可將左腳的角度都減 3 度 (往順時針方向校正, 請依狀況增減校正度數), 即可將左腳往前校正。若是右腳往後偏一點, 則可都加 3 度 (往逆時針方向校正) 來往前校正。

設計程式

請先啟動 Flag's Block 程式, 然後如下操作:

1. 請先開啟上一個實驗所儲存的專案 Lab02.xml 來修改 (用修改的會比重新專要快):

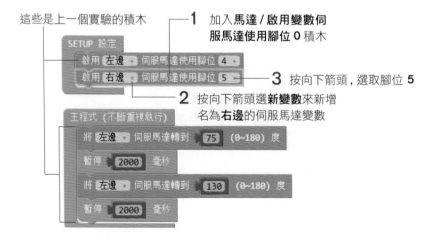

2. 接著我們把控制左右腳移動的 4 個角度都存放到變數中, 以方便後續使用：

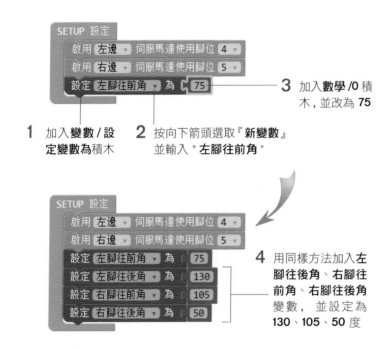

3 加入**數學 /0** 積木, 並改為 **75**

1 加入**變數 / 設定變數為**積木

2 按向下箭頭選取『**新變數**』並輸入 " **左腳往前角** "

4 用同樣方法加入**左腳往後角**、**右腳往前角**、**右腳往後角**變數, 並設定為 **130**、**105**、**50** 度

 當做到步驟 4 時, 也可在已加入的**設定...為**積木上按右鈕執行『**複製**』命令, 直接複製現成的積木來修改, 以節省時間。在複製後要更改變數名稱時, 請按名稱旁的向下箭頭並選取『**新變數**』以產生新的變數（若是選取『**重新命名變數**』則只會更改原變數的名稱, 而不會產生新變數）。

3. 接著來修改主程式：

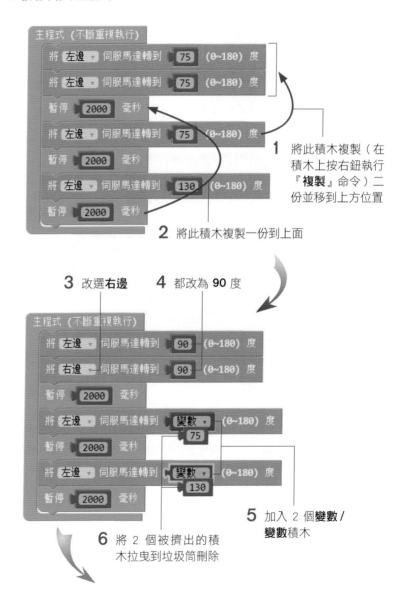

1 將此積木複製（在積木上按右鈕執行『**複製**』命令）二份並移到上方位置

2 將此積木複製一份到上面

3 改選**右邊**　**4** 都改為 **90** 度

5 加入 2 個**變數 / 變數**積木

6 將 2 個被擠出的積木拉曳到垃圾筒刪除

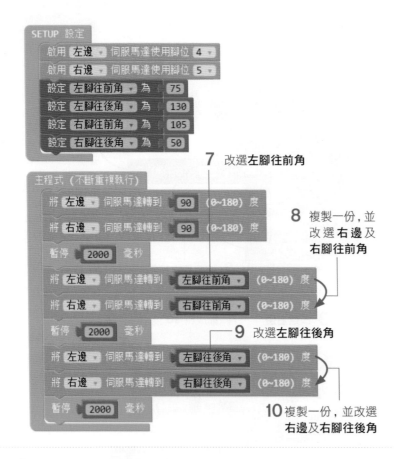

7 改選**左腳往前角**

8 複製一份, 並
改選**右邊**及
右腳往前角

9 改選**左腳往後角**

10 複製一份, 並改選
右邊及**右腳往後角**

前面第 6 步要刪除積木時, 除了可拉曳到垃圾筒之外, 也可選取積木後按 Delete 鍵, 或是在積木上按右鈕執行『**刪除積木**』或『**刪除 n 塊積木**』命令 (當積木內部有其他積木時會一起刪除, n 為將刪除的積木數量)。

如果不小心刪錯了, 或是有其他的操作失誤, 都可隨時按視窗最上方的**上一步**鈕往前回復操作。若回復過頭了, 則可按**下一步**鈕往後重做。

4. 完成後請按右上方的**儲存**鈕存檔。

如果想保留上一個 LAB 的程式內容, 可改為按一下左上角的選單鈕, 再執行『**另存新專案**』命令將修改的內容以其他檔名儲存, 這樣就不會蓋掉原來的專案檔了。

▇ 實測

按右上方的 ▶ 鈕上傳成功後, 即可看到機器人的左、右腳會不斷地置中、往前、及往後運動, 每個動作完成後會暫停 2 秒。

LAB 03 前進與後退

▇ 實驗目的

本實驗要讓機器人不斷重複『前進 5 次、暫停 1 秒、後退 5 次、暫停 1 秒』的動作。

▇ 設計原理

在第 1-2 節我們已介紹過讓機器人前進的方式: 當中間的右腳著地時、會和左邊的前、後 2 腳形成 3 點著地, 而其他 3 腳則懸空。此時讓左邊的二腳往後移、而右邊懸空的二腳往前移; 接著再換中間的左腳著地, 右邊著地的二腳往後移, 而左邊懸空的二腳往前移, 如此循環不已, 即可讓機器人向前行走:

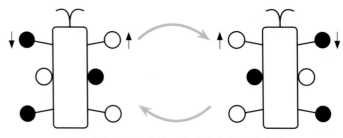

實心代表腳著地往後、空心代表腳懸空往前

由此觀之, 中間腳只需控制是要**撐起右邊** (中間右腳著地), 還是**撐起左邊** (中間左腳著地) 即可。由於中間馬達的轉軸是稍微偏左而非位在正中央, 經由測試, **撐起右邊**時轉到 80 度, **撐起左邊**時轉到 105 度最為恰當。

轉到 80 度會撐起右邊

轉到 105 度會撐起左邊

為了讓程式容易閱讀, 我們將左側的前後二腳統稱為**左腳**, 右側的前後二腳統稱為**右腳**, 而中間腳則分為**撐起右邊**與**撐起左邊** 2 種狀態。 因此整個前進的動作, 可分解為以下 2 個子動作:

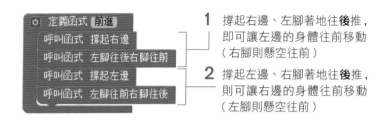

1 撐起右邊、左腳著地往**後**推, 即可讓左邊的身體往前移動 (右腳則懸空往前)

2 撐起左邊、右腳著地往**後**推, 則可讓右邊的身體往前移動 (左腳則懸空往前)

上圖是利用**函式**積木來實作前進的功能, 所謂**函式**, 就是將一組積木結合成一個具有名稱的群組, 之後呼叫這個函式就能執行群組裡面的積木。以上就是在定義一個名為**前進**的函式, 在函式中會依序呼叫 (執行) 其他 4 個已定義好的函式 (詳細的操作稍後再介紹)。

使用函式的好處是方便程式重複執行相同的動作, 而且將比較複雜的積木群組轉變成函式後, 程式看起來也會比較清楚易懂。例如在定義好**前進**函式後, 未來只要呼叫此函式即可讓機器人前進一步。

至於**後退**的動作, 只需將左、右腳的移動方向相反即可:

定義**後退**函式

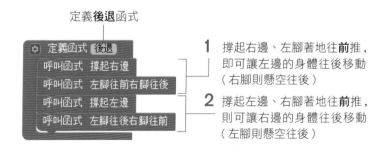

1 撐起右邊、左腳著地往**前**推, 即可讓左邊的身體往後移動 (右腳則懸空往後)

2 撐起左邊、右腳著地往**前**推, 則可讓右邊的身體往後移動 (左腳則懸空往後)

設計程式

請先啟動 Flag's Block 程式, 然後如下操作:

1. 請先開啟上一個實驗所儲存的專案, 然後按左上角的選單鈕, 執行『**另存新專案**』命令將專案另存為 Lab03.xml 檔 (先另存新專案以免不小心蓋掉原來的舊專案)。然後增加**中間**伺服馬達變數, 並指定其連接 Arduino 的腳位:

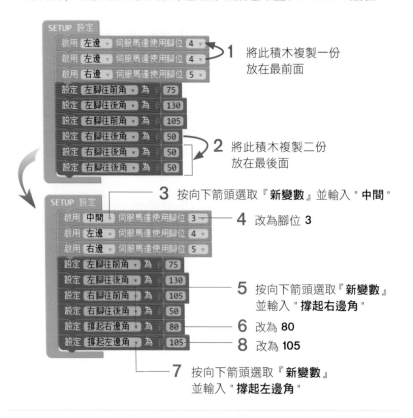

1 將此積木複製一份放在最前面

2 將此積木複製二份放在最後面

3 按向下箭頭選取『**新變數**』並輸入 " **中間** "

4 改為腳位 3

5 按向下箭頭選取『**新變數**』並輸入 " **撐起右邊角** "

6 改為 80

8 改為 105

7 按向下箭頭選取『**新變數**』並輸入 " **撐起左邊角** "

請注意! 以上在複製積木後要更改變數名稱時, 請按名稱旁的向下箭頭並選取『**新變數**』以產生新的變數。若是選取『**重新命名變數**』, 則只會更改原變數的名稱而不會產生新變數。

---

2. 再來要定義 4 個可讓中間腳及左右腳移動的函式, 先來定義**撐起右邊**函式:

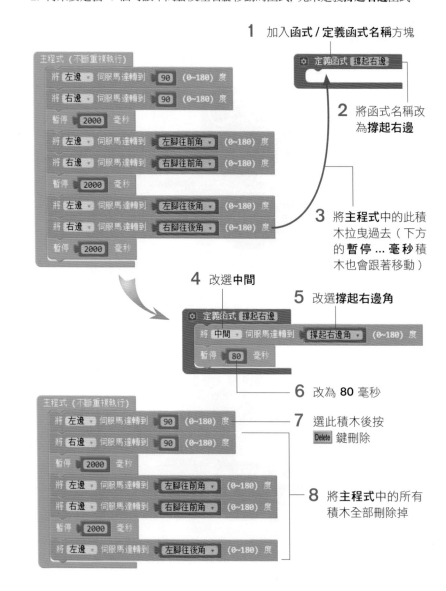

1 加入**函式/定義函式名稱**方塊

2 將函式名稱改為**撐起右邊**

3 將**主程式**中的此積木拉曳過去 (下方的 **暫停 ... 毫秒** 積木也會跟著移動)

4 改選**中間**

5 改選**撐起右邊角**

6 改為 80 毫秒

7 選此積木後按 Delete 鍵刪除

8 將**主程式**中的所有積木全部刪除掉

3. 接著來定義其他 3 個函式, 請先將已定義好的**撐起右邊**函式複製 2 份, 然後進行修改:

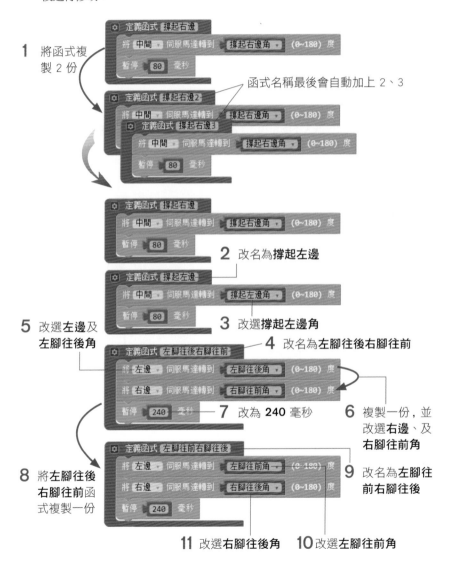

1 將函式複製 2 份

函式名稱最後會自動加上 2、3

2 改名為**撐起左邊**

3 改選**撐起左邊角**

5 改選**左邊**及**左腳往後角**

4 改名為**左腳往後右腳往前**

6 複製一份, 並改選**右邊**、及**右腳往前角**

7 改為 **240** 毫秒

8 將**左腳往後右腳往前**函式複製一份

9 改名為**左腳往前右腳往後**

11 改選**右腳往後角**　　10 改選**左腳往前角**

5. 定義好 4 個基本動作之後, 即可輕鬆製作**前進**及**後退**函式了:

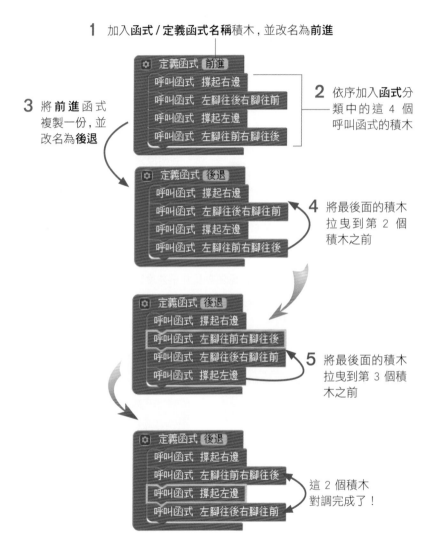

1 加入**函式 / 定義函式名稱**積木, 並改名為**前進**

2 依序加入**函式**分類中的這 4 個呼叫函式的積木

3 將**前進**函式複製一份, 並改名為**後退**

4 將最後面的積木拉曳到第 2 個積木之前

5 將最後面的積木拉曳到第 3 個積木之前

這 2 個積木對調完成了!

6. 最後來修改主程式：

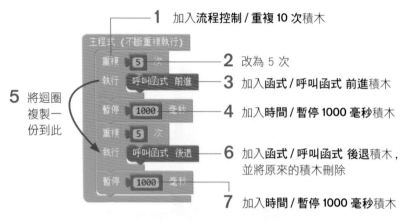

1 加入**流程控制 / 重複 10 次**積木

2 改為 5 次

3 加入**函式 / 呼叫函式 前進**積木

4 加入**時間 / 暫停 1000 毫秒**積木

5 將迴圈複製一份到此

6 加入**函式 / 呼叫函式 後退**積木，並將原來的積木刪除

7 加入**時間 / 暫停 1000 毫秒**積木

7. 進行到此就大功告成了，完成後請按右上方的**儲存**鈕存檔。整個程式設計如下：

在 **SETUP 設定**中建立 3 個伺服馬達變數及 6 個角度變數

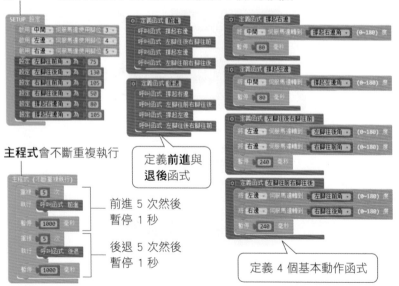

主程式會不斷重複執行

前進 5 次然後暫停 1 秒

後退 5 次然後暫停 1 秒

定義**前進**與**退後**函式

定義 4 個基本動作函式

實測

按右上方的 ▶ 鈕上傳成功後，即可看到機器人會前進 5 次然後暫停 1 秒，接著再後退 5 次並暫停 1 秒，如此不斷重複。

LAB 04 左右轉向

實驗目的

本實驗要讓機器人不斷重複『右轉 5 次、暫停 1 秒、左轉 5 次、暫停 1 秒』的動作。

設計原理

要讓機器人左轉或右轉，可將左右腳都同時往前及往後來達成。以右轉為例：

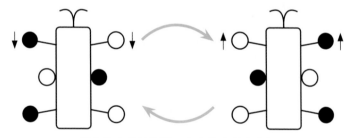

實心代表著地的腳、空心代表懸空的腳

當**撐起右邊**時，著地的**左腳往後**即可讓身體的左邊往前 (此時懸空的右腳同樣是往後)，接著**撐起左邊**，然後著地的**右腳往前**，則會讓身體的右邊往後 (此時懸空的左腳同樣是往前)。結果是身體的左邊往前、右邊往後，就完成右轉的動作了。

左轉的原理也類似，就不再贅述。下表列出前進、後退、左轉、右轉的運作方式，每種動作都先**撐起右邊**，然後再**撐起左邊**，而小括弧內的則是懸空腳的動作：

動作	1. 撐起右邊	2. 撐起左邊
前進	左腳往後（右腳往前）	右腳往後（左腳往前）
後退	左腳往前（右腳往後）	右腳往前（左腳往後）
右轉	左腳往後（右腳往後）	右腳往前（左腳往前）
左轉	左腳往前（右腳往前）	右腳往後（左腳往後）

稍後我們也會將**右轉**及**左轉**定義為函式, 內容如下：

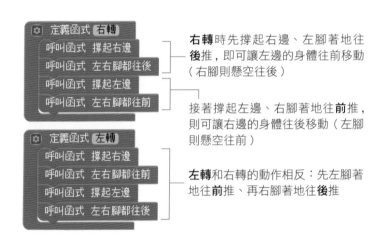

右轉時先撐起右邊、左腳著地往**後**推, 即可讓左邊的身體往前移動（右腳則懸空往後）

接著撐起左邊、右腳著地往**前**推, 則可讓右邊的身體往後移動（左腳則懸空往前）

左轉和右轉的動作相反：先左腳著地往**前**推、再右腳著地往**後**推

其中的**左右腳都往後**、**左腳都往前**函式稍後也會一起定義。

設計程式

請先啟動 Flag's Block 程式, 然後如下操作：

1. 請先開啟上一個實驗所儲存的專案 (Lab03.xml), 然後按左上角的選單鈕, 執行『**另存新專案**』命令將專案另存為 Lab04.xml 檔 (先另存新專案以免不小心蓋掉原來的舊專案)。

2. 先來定義左右腳都往後及左右腳都往前函式：

1 將已定義好的**左腳往前右腳往後**函式複製二份

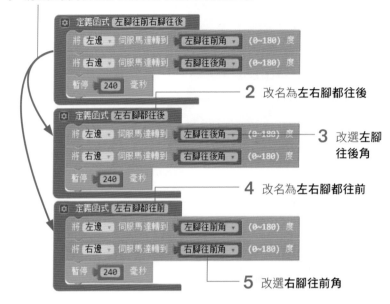

2 改名為**左右腳都往後**

3 改選**左腳往後角**

4 改名為**左右腳都往前**

5 改選**右腳往前角**

3 接著定義**右轉**及**左轉**函式：

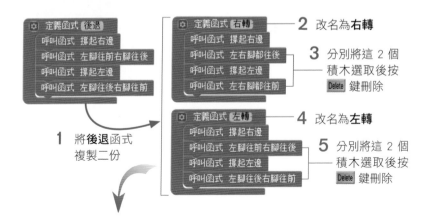

1 將**後退**函式複製二份

2 改名為**右轉**

3 分別將這 2 個積木選取後按 Delete 鍵刪除

4 改名為**左轉**

5 分別將這 2 個積木選取後按 Delete 鍵刪除

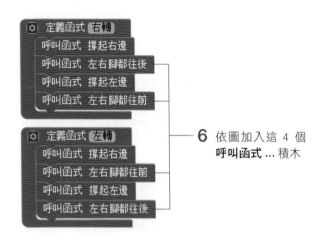

6 依圖加入這 4 個
呼叫函式 ... 積木

4. 最後來修改**主程式**:

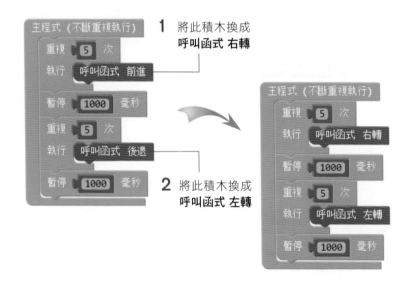

1 將此積木換成
呼叫函式 右轉

2 將此積木換成
呼叫函式 左轉

5. 完成後請按右上方的**儲存**鈕存檔。

實測

按右上方的 ▶ 鈕上傳成功後, 即可看到機器人會右轉 5 次然後暫停 1 秒, 接著再左轉 5 次並暫停 1 秒, 如此不斷重複。

進行到此機器人已經可以前進、後退、左轉、右轉了, 下一章我們將為機器人加上眼睛, 使它具備自動避障功能, 從此就不用擔心它走路會撞牆了!

Memo

05 超音波測距模組

可以偵測距離的電子感測模組有很多種, 從最精確的雷射測距, 到比較便宜的紅外線感測及超音波感測。本章將使用不易受環境光線影響的**超音波測距模組** (Ultrasonic sensor) 來測量距離。

5-1 認識超音波測距模組

超音波測距模組的種類很多, 本套件使用最常見的 **HC-SR04 超音波測距模組**, 它可以偵測的距離為 2~400 公分, 精準度約為 0.3 公分, 偵測角度則為 15 度。

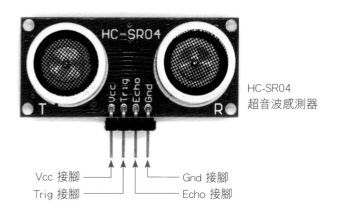

HC-SR04
超音波感測器

Vcc 接腳
Trig 接腳
Gnd 接腳
Echo 接腳

不同廠牌的產品其準確度可能會有所差異, 通常距離越遠誤差會越大。

音頻高於人類可聽到的聲音即稱為超音波 (Ultrasound)。超音波測距的原理和雷達一樣, 就是偵測由發出超音波開始到反射回來所需的時間, 即可由超音波的速度 (343.5 公尺/秒), 計算出感測模組和反射物之間的距離:

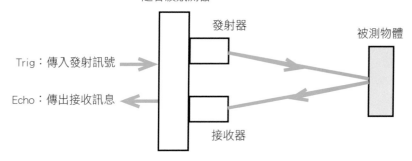

超音波感測器

發射器

被測物體

Trig：傳入發射訊號

Echo：傳出接收訊息

接收器

我們可以從超音波測距模組的 Trig 腳位傳入訊號讓其發出超音波, 接著再由 Echo 腳位偵測何時收到反射的超音波, 即可得到超音波往返所花的時間, 這個往返的時間除以 2 便是單程 (往或返) 的時間。

超音波速度是 0.03435 公分/微秒, 所以超音波行進 1 公分所需時間為:

$1 / 0.03435$(公分/微秒) $= 29.1$(微秒/公分)

1 微秒 = 10^{-6} 秒。

假設超音波測到的往返時間為 1800 微秒, 則距離為:

1800(微秒) / 2 / 29.1(微秒/公分) = 1800(微秒) / 58.2(微秒/公分) = 31(公分)

因此只要直接將感測模組測得的時間除以 58.2 即可算出距離。

5-2 序列通訊

本章的實驗中, 我們會將超音波模組測得的距離傳送到電腦顯示, 這時需要使用序列通訊。Arduino UNO 的腳位 0、1 有內部線路連接到板子上的 USB 轉換晶片, 因此可以當成序列埠 (Serial Port) 的輸出入腳位, 經由 USB 線來和 PC 互傳文字或數值訊息:

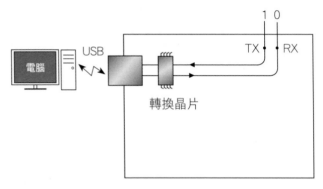

▲ 序列通訊的硬體線路都已內建, 可以直接使用

 請注意, 如果使用序列埠, 就不能再使用腳位 0、1 進行其他的數位輸出入了, 否則會相互干擾。

在 Flag's Block 中要進行序列通訊其實非常容易, 只要使用序列通訊類別的積木即可:

設定傳輸速率, 建議使用預設的 9600 bps (bit per second, 每秒傳輸多少 bit)　　由序列埠送出資料給 PC

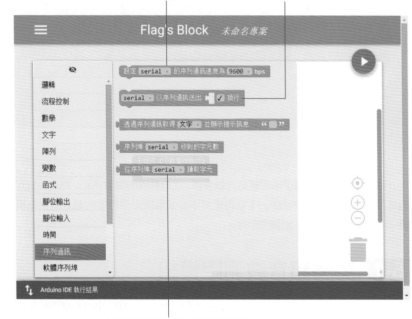

由序列埠讀取 PC 送來的資料

至於要如何在 PC 中讀取 Arduino 送來的資料呢? 基本上只要使用任何具備『讀取序列埠 (COM埠)』功能的程式都可以。在下面的 LAB 中, 我們將使用 Arduino 程式開發環境的**序列埠監控視窗**, 詳情請參見下面 LAB 的說明。

LAB 05 偵測障礙物的距離

實驗目的

以超音波測距模組偵測超音波的往返時間, 計算前面障礙物的距離, 然後由序列埠經 USB 線傳送到 PC 顯示。

設計原理

程式會先設定序列通訊速率為 9600 bps, 然後每隔 1 秒使用超音波測距模組偵測一次距離, 再用序列通訊將距離值送到 PC 顯示。

使用 HC-SR04 超音波測距模組偵測距離的方法如下:

1. 先輸出高電位到 Trig 腳至少 10 微秒。

2. 此時感測器會自動發出超音波, 並等待超音波的返回。在等待時 Echo 腳會持續輸出高電位, 收到返回訊號後則降為低電位。

3. 因此只要偵測 Echo 腳輸出高電位的持續時間 (微秒), 然後除以 58.2 (微秒/公分) 即可算出距離 (公分)。

設計程式

1. 請開啟 Flag's Block, 加入下列積木設定序列埠傳輸速率, 並且定義變數以利後續使用:

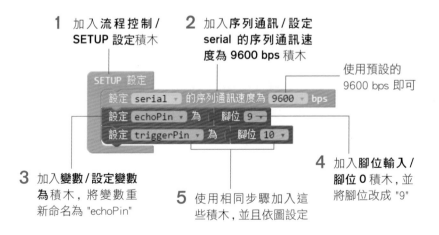

1 加入**流程控制 / SETUP 設定**積木

2 加入**序列通訊 / 設定 serial 的序列通訊速度為 9600 bps** 積木

使用預設的 9600 bps 即可

3 加入**變數 / 設定變數為** 積木, 將變數重新命名為 "echoPin"

5 使用相同步驟加入這些積木, 並且依圖設定

4 加入**腳位輸入 / 腳位 0** 積木, 並將腳位改成 "9"

2. 我們先來定義一個測距的函式:

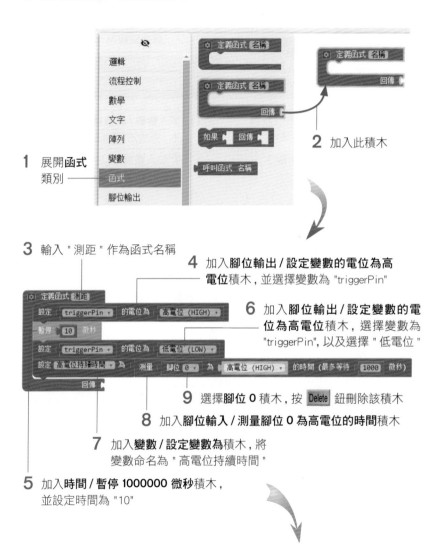

1 展開**函式**類別

2 加入此積木

3 輸入 " 測距 " 作為函式名稱

4 加入**腳位輸出 / 設定變數的電位為高電位**積木, 並選擇變數為 "triggerPin"

5 加入**時間 / 暫停 1000000 微秒**積木, 並設定時間為 "10"

6 加入**腳位輸出 / 設定變數的電位為高電位**積木, 選擇變數為 "triggerPin", 以及選擇 " 低電位 "

7 加入**變數 / 設定變數為**積木, 將變數命名為 " 高電位持續時間 "

8 加入**腳位輸入 / 測量腳位 0 為高電位的時間**積木

9 選擇**腳位 0** 積木, 按 Delete 鈕刪除該積木

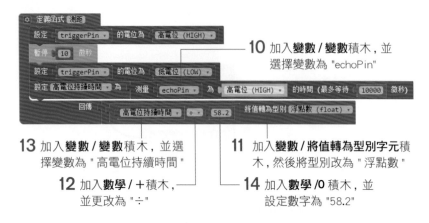

10 加入**變數/變數**積木，並
選擇變數為 "echoPin"

13 加入**變數/變數**積木，並選
擇變數為 "高電位持續時間"

11 加入**變數/將值轉為型別字元**積
木，然後將型別改為 "浮點數"

12 加入**數學/＋**積木，
並更改為 "÷"

14 加入**數學/O**積木，並
設定數字為 "58.2"

前面提到 Echo 腳位在等待時會持續輸出高電位，收到返回訊號後則降為低電
位，所以計算 Echo 腳位高電位持續的時間，即可得知超音波往返的時間。

3. 然後請加入以下積木：

1 加入**流程控制/如果**積木

3 加入**變數/變數**積木，並選
擇變數為 "高電位持續時間"

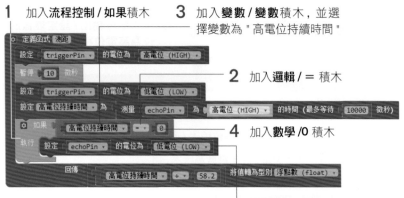

2 加入**邏輯/＝**積木

4 加入**數學/O**積木

5 加入**腳位輸出/設定變數的電位為高電位**積木，
選擇變數為 "echoPin"，以及選擇 "低電位"

當超音波測距模組面對極遠距離，或者當模組發射角度傾斜的時候，可能會
導致模組無法收到返回訊號，遇到這種狀況將無法得知超音波往返的時間。

此時 Echo 腳位的電位會一直是高電位，因為一直沒有降下來低電
位，不會觸發 Arduino 開發板去計算時間，所以**高電位持續時間**將會是 0。

因此上面我們設計當**高電位持續時間**為 0 時，便將 Echo 腳位重設為低電
位，以便讓超音波測距模組重新偵測距離。

4. 定義好測距的函式之後，請如下設計主程式：

1 加入**序列通訊
/serial 以序列
通訊送出**積木

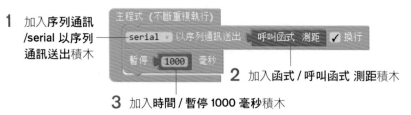

2 加入**函式/呼叫函式 測距**積木

3 加入**時間/暫停 1000 毫秒**積木

設計到此，就已經大功告成了，完整的架構如下：

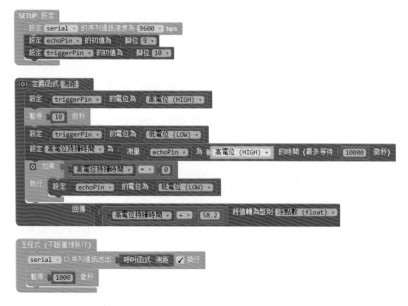

完成後請按**儲存**鈕儲存專案，然後確認 Arduino 板已用 USB 線接至電腦，
按 ▶ 鈕將程式上傳。

當出現上傳成功訊息後, 請依照下面步驟使用 Arduino IDE 觀察超音波測距模組偵測到的距離:

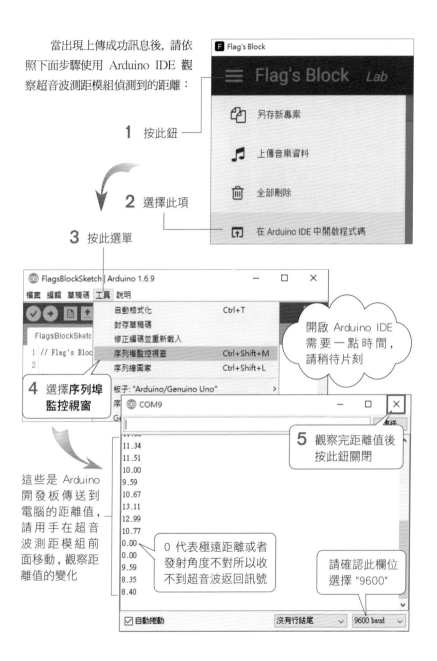

1 按此鈕

2 選擇此項

3 按此選單

4 選擇**序列埠監控視窗**

開啟 Arduino IDE 需要一點時間, 請稍待片刻

5 觀察完距離值後按此鈕關閉

這些是 Arduino 開發板傳送到電腦的距離值, 請用手在超音波測距模組前面移動, 觀察距離值的變化

0 代表極遠距離或者發射角度不對所以收不到超音波返回訊號

請確認此欄位選擇 "9600"

LAB 06 自動避障

實驗目的

以超音波測距模組偵測前面是否有障礙物, 若有障礙物則後退轉向以避開障礙物。

設計程式

1. 請啟動 Flag's Block, 然後參見 38 頁的說明, 開啟上一個專案 LAB 05, 然後複製之前設計的測距函式:

1 在**定義函式 測距**積木上按滑鼠右鈕

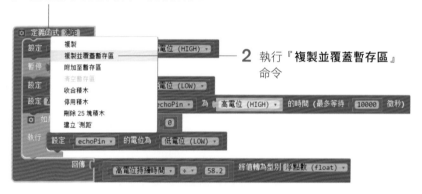

2 執行『**複製並覆蓋暫存區**』命令

2. 請再開啟 LAB 04 專案, 重新儲存為新專案, 我們將以 LAB 04 為基礎來設計 LAB 06:

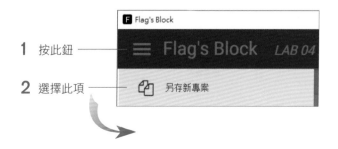

1 按此鈕

2 選擇此項

3 輸入 "Lab06" **4** 按此鈕儲存

3. 貼上之前複製的測距函式：

在空白處按滑鼠右鈕執行『**從暫存區貼上**』命令

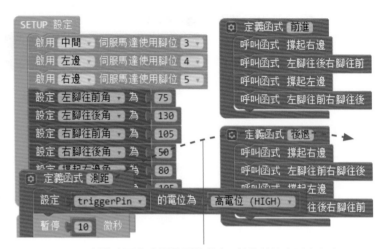

新積木可能會覆蓋到舊積木, 請將其拉曳到空白處

4. 在 **SETUP 設定**積木中加入新的變數：

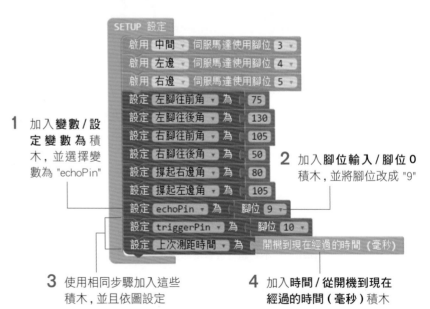

1 加入**變數 / 設定變數為**積木, 並選擇變數為 "echoPin"

2 加入**腳位輸入 / 腳位 0**積木, 並將腳位改成 "9"

3 使用相同步驟加入這些積木, 並且依圖設定

4 加入**時間 / 從開機到現在經過的時間 (毫秒)**積木

5. 在**主程式**積木中刪除 LAB 04 設計的積木：

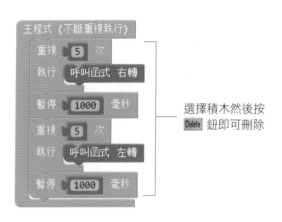

選擇積木然後按
Delete 鈕即可刪除

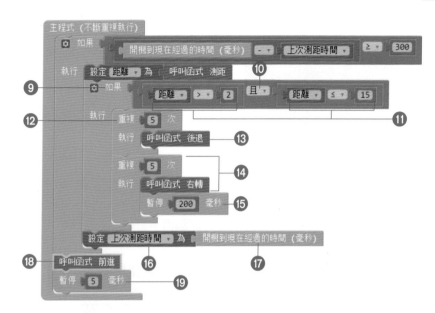

6. 請如下重新設計主程式：

1 加入**流程控制 / 如果**積木　　　　**2** 加入**邏輯 / =** 積木，並更改為 " ≥ "

3 加入**數學 / ＋**積木，並更改為 " － "

4 加入**時間 / 從開機到現在經過的時間 (毫秒)** 積木

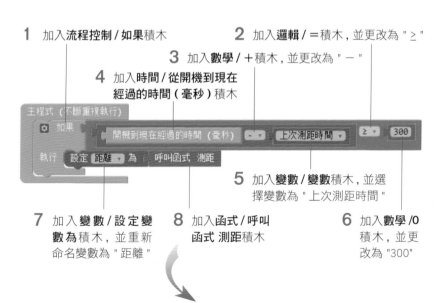

5 加入**變數 / 變數**積木，並選擇變數為 " 上次測距時間 "

7 加入**變數 / 設定變數為**積木，並重新命名變數為 " 距離 "

8 加入**函式 / 呼叫函式 測距**積木

6 加入**數學 / 0** 積木，並更改為 "300"

9 加入**流程控制 / 如果**積木

10 加入**邏輯 / 且**積木

11 依照之前相同步驟加入這些積木，並且依圖設定

12 加入**流程控制 / 重複 10 次執行**積木，並將次數更改為 5

13 加入**函式 / 呼叫函式 後退**積木

14 依照之前相同步驟加入這些積木，並且依圖設定

15 加入**時間 / 暫停 1000 毫秒**積木，並設定時間為 "200"

16 加入**變數 / 變數**積木，並選擇變數為 " 上次測距時間 "

17 加入**時間 / 從開機到現在經過的時間 (毫秒)** 積木

18 加入**函式 / 呼叫函式 前進**積木

19 加入**時間 / 暫停 1000 毫秒**積木，並設定時間為 "5"

設計到此, 就已經大功告成了, 新增加的積木完整架構如下:

完成後請按**儲存**鈕儲存專案, 然後確認 Arduino 板已用 USB 線接至電腦, 按 ▶ 鈕將程式上傳。

當出現上傳成功訊息後, 即可將機器人放到平面行動, 請在行進路線上放置障礙物, 機器人偵測到有障礙物會自動後退轉向以避開障礙物。

06 利用喇叭播放聲音

經過前面的 LAB 實作, 我們的六足機器人已經可以自動避開障礙到處行走, 現在就讓我們為機器人加上聲音, 這樣機器人的行為就會更加生動活潑。

以 PCM 音效讓喇叭發出聲音

Arduino、電腦內部處理的資料型式屬於是數位訊號 (0/1、High/Low、或 On/Off...), 但在現實世界中則幾乎都是類比訊號, 不管是我們看到、聽到、聞到的都是類比式的訊號。

為了讓喇叭發出屬於類比訊號的聲波, 我們會透過 PCM (Pulse-code modulation, 脈波編碼調變) 的方式, 以數位訊號來描述聲波:

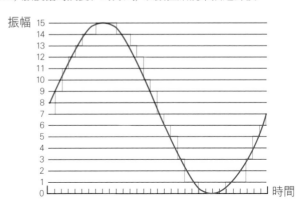

上面聲波會在固定的間隔時間取樣, 取樣時會依照振幅大小轉換為數值, 這樣就可以將類比的聲波轉換成一連串的數位訊號。反之, 只要將一連串的數字依照相同的間隔時間還原回聲波振幅, 就可以讓喇叭發出聲音。

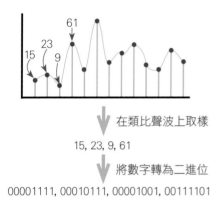

在類比聲波上取樣

15, 23, 9, 61

將數字轉為二進位

00001111, 00010111, 00001001, 00111101

我們將一秒鐘取樣多少次稱為**取樣頻率**, 單位是 **Hz (赫茲)**。Arduino 的 PCM 函式庫只支援單聲道、8000 Hz 的音效檔, 隨後我們會說明如何將您自己的音效檔轉換為 Arduino 支援的格式。

LAB 07 播放 PCM 音效

🔌 實驗目的

利用喇叭播放 PCM 音效。

🔌 設計原理

Flag's Block 提供了右方 PCM 音效的相關積木, 可以播放取樣頻率 8000 Hz 的單聲道音效:

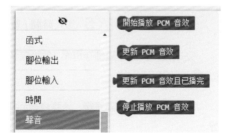

開始播放 PCM 音效積木會讓 Arduino 開始播放音效, 不過此時只會播放音效其中一小段, 所以之後還需要持續使用**更新 PCM 音效**積木來播放音效剩餘內容。

更新 PCM 音效且已播完積木除了會播放音效剩餘內容以外, 還會檢查是否已經播完, 若音效已經播完則傳回邏輯值**真** (True), 反之則回傳邏輯值**假** (False)。

為了播放音效, PCM 音效的數位資料也需要一併上傳到 Arduino 的記憶體中, 因為 Arduino 記憶體容量的限制, 音效的長度最多只能達到 4 秒鐘, 若超過 4 秒可能無法正常上傳。

Flag's Block 已經內建了女聲尖叫音效以方便使用者操作與測試, 若您想要改用自己的音效, 請參考實驗後面的說明。

設計程式

請開啟 Flag's Block, 然後在**主程式**積木內放置下列積木, 利用喇叭播放 PCM 聲音:

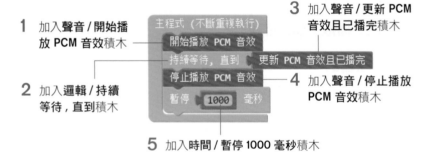

1 加入**聲音 / 開始播放 PCM 音效**積木

2 加入**邏輯 / 持續等待, 直到**積木

3 加入**聲音 / 更新 PCM 音效且已播完**積木

4 加入**聲音 / 停止播放 PCM 音效**積木

5 加入**時間 / 暫停 1000 毫秒**積木

完成後請按**儲存**鈕儲存專案, 然後確認 Arduino 板已用 USB 線接至電腦, 按 ▶ 鈕將程式上傳。

當出現上傳成功訊息後, 您將會聽到機器人的喇叭每隔 1 移發出一次尖叫聲。

播放 Flag's Block 其他音效

除了內建的尖叫聲以外, Flag's Block 也提供了多種不同的音效檔, 請依照下面步驟操作即可改用其他音效:

1 按此鈕

2 選擇此項

3 切換到 "C:\FlagsBlock\sound" 資料夾

若您的 Flag's Block 不是安裝在 C:\, 則請自行依照安裝路徑切換到 sound 資料夾

4 選擇任一音效檔

5 按此鈕上傳

上傳音效檔之後, 請重新上傳 LAB 07 專案, 即可聽到機器人發出不同的聲音。

播放自己的音效

若您想要播放自己的音效, 請依照以下說明操作。

錄製或開啟音效檔

請先使用瀏覽器連線 http://www.audacityteam.org/download/ 下載 Audacity 軟體:

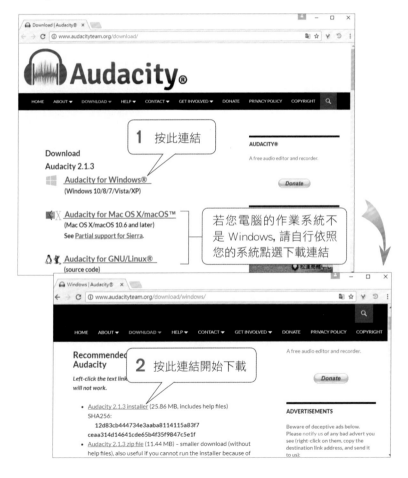

下載後請雙按該檔案進行安裝, 安裝完畢後請開啟 Audacity, 如下操作:

如果您想要自行錄製自己的聲音當做音效, 請按紅色的**錄製**鈕:

錄製完畢後, 請直接跳到後面**轉換與剪裁音效**段落。

若您想要使用 MP3 或 WAV 檔作為音效的話,請如下開啟檔案:

1 按**檔案**選單

2 執行『**開啟**』命令

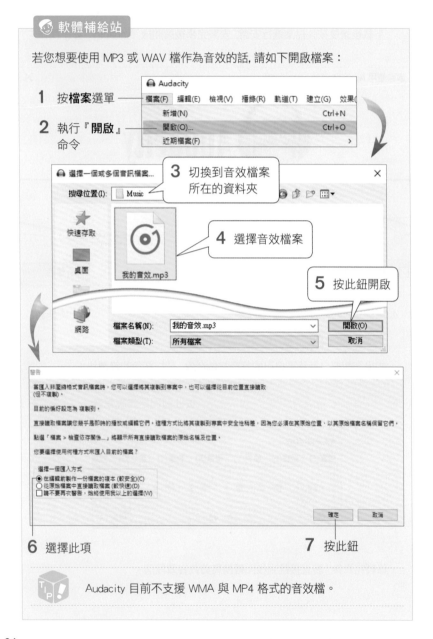

3 切換到音效檔案所在的資料夾

4 選擇音效檔案

5 按此鈕開啟

6 選擇此項

7 按此鈕

Audacity 目前不支援 WMA 與 MP4 格式的音效檔。

轉換與剪裁音效

錄製或開啟音效檔後,請如下轉換音效的格式:

1 在**頻率**欄位選擇 "8000"

3 執行『**軌道 / 立體聲軌道轉為單聲道**』命令

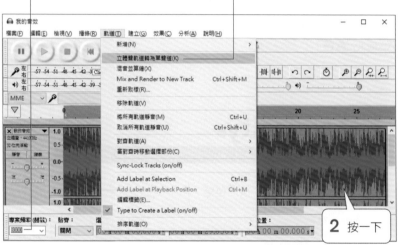

2 按一下

因為 Arduino 記憶體所限,所以音效長度最多不能超過 4 秒,請依照下面步驟剪裁音效的長度:

按此鈕可以試聽您拉曳的段落

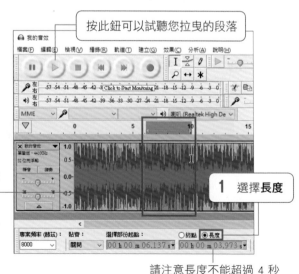

2 用滑鼠在聲軌上拉曳您想要的段落

1 選擇**長度**

請注意長度不能超過 4 秒

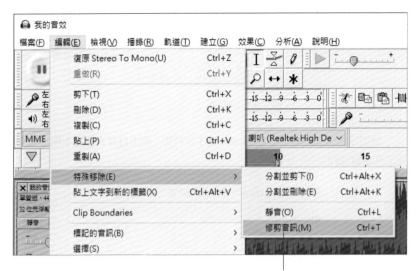

3 執行『**特殊移除 / 修剪音訊**』命令

剪裁好音效後，請如下匯出音效：

1 執行『**檔案 / 匯出音訊**』命令

2 選擇要儲存音效檔案的資料夾

3 輸入新的檔案名稱

5 按此鈕

4 選擇 WAV (Miscrosoft) signed 16-bit PCM

6 按此鈕即可匯出新的音效檔

將音效檔轉換為 .h 程式檔

準備好新的音效檔之後，接著要將這個音效檔轉換為 Arduino 可以讀取的 .h 程式檔，請使用瀏覽器下載 http://highlowtech.org/wp-content/uploads/2011/12/EncodeAudio-windows.zip, 下載完畢後請解開壓縮檔, 然後如下將音效檔轉換為 .h 程式檔：

1 切換到解開壓縮後的資料夾

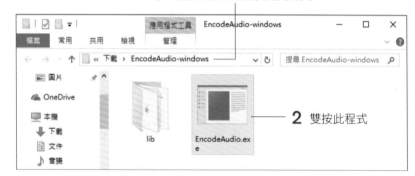

2 雙按此程式

3 切換到新音效檔所在的資料夾　　**4** 選擇剛剛準備好的音效檔

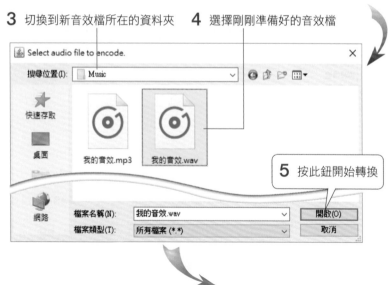

5 按此鈕開始轉換

轉換完畢後的資料已經儲存在剪貼簿了

6 按此鈕關閉

請切換到 **C:\FlagsBlock\sound\範本**資料夾, 開啟**自訂音效範本檔.txt**, 依照下面步驟操作：

1 切換到 **C:\FlagsBlock\sound\ 範本**資料夾

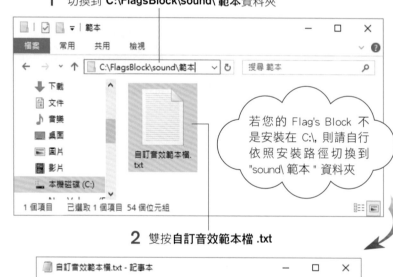

若您的 Flag's Block 不是安裝在 C:\, 則請自行依照安裝路徑切換到 "sound\ 範本 " 資料夾

2 雙按**自訂音效範本檔 .txt**

3 將游標移到中間空白處, 按 `Ctrl` + `V` 貼上資料

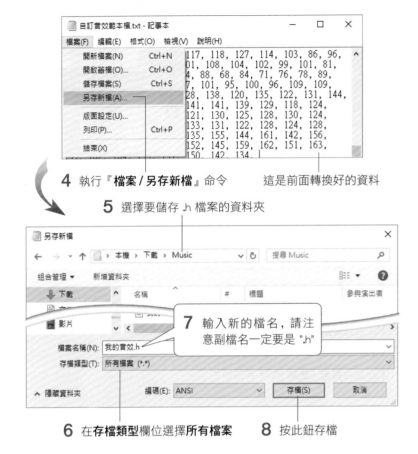

4 執行『**檔案 / 另存新檔**』命令　　這是前面轉換好的資料

5 選擇要儲存 .h 檔案的資料夾

7 輸入新的檔名，請注意副檔名一定要是 ".h"

6 在**存檔類型**欄位選擇**所有檔案**　　**8** 按此鈕存檔

存檔後就可以將新的音效上傳到 Flag's Block：

1 按此鈕

2 選擇此項

---

3 切換到儲存 .h 檔案的資料夾

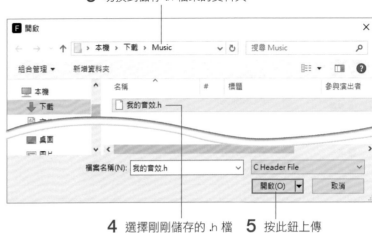

4 選擇剛剛儲存的 .h 檔　　**5** 按此鈕上傳

上傳音效檔之後，請重新上傳 LAB 07 專案，即可聽到機器人發出您剛剛準備好的聲音。

LAB 08 為避障加上音效與發抖效果

⎯ 實驗目的

當機器人遇到障礙物時，在避開障礙物之前，加上發抖效果並且發出聲音。

⎯ 設計程式

1. 請啟動 Flag's Block, 然後參見 38 頁的說明，開啟之前的專案 LAB 06, 重新儲存為新專案，我們將以 LAB 06 為基礎來設計 LAB 08：

1 按此鈕

2 選擇此項　　另存新專案

3 輸入 "Lab08"　　**4** 按此鈕儲存

2. 我們先來定義一個更新播放音效的函式：

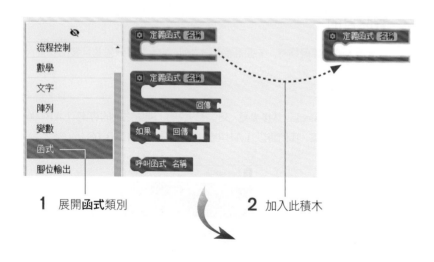

1 展開**函式**類別　　**2** 加入此積木

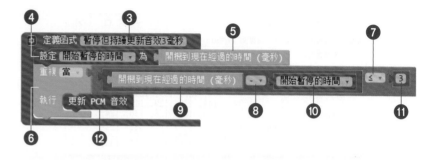

3 輸入 " 暫停但持續更新音效 3 毫秒 " 作為函式名稱

4 加入**變數 / 設定變數為**積木，並重新命名變數為 " 開始暫停的時間 "

5 加入**時間 / 從開機到現在經過的時間 (毫秒)** 積木

6 加入**邏輯 / 重複當 ... 執行**積木

7 加入**邏輯 / ＝**積木，並更改為 " ≤ "

8 加入**數學 / ＋**積木，並更改為 " － "

9 加入**時間 / 從開機到現在經過的時間 (毫秒)** 積木

10 加入**變數 / 變數**積木，並選擇變數為 " 開始暫停的時間 "

11 加入**數學 /O** 積木，並更改為 "3"

12 加入**聲音 / 更新 PCM 音效**積木

3. 接著定義一個發抖的函式：

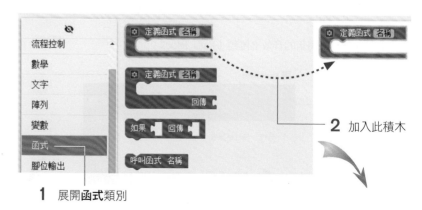

2 加入此積木

1 展開**函式**類別

3 輸入 " 發抖 " 作為函式名稱

6 加入**流程控制 / 使用 i 從範圍 ...** 積木

4 加入**聲音 / 開始播放 PCM 音效**積木

8 刪除這三個積木

5 加入**流程控制 / 重複 10 次執行**積木

7 選擇**兩側角度**

9 在此積木上按右鈕執行『**多行輸入**』指令

10 加入**數學 / +** 積木

11 加入**變數 / 變數**積木，並選擇變數為 " 右腳往後角 "

12 加入**數學 /0** 積木，並更改為 "30"

13 依照之前相同步驟加入這些積木，並且依圖設定

14 加入**馬達 / 將變數馬達轉到 90 度**積木，並選擇變數為 " 左邊 "

15 刪除此處原有的積木，加入**變數 / 變數**積木，並選擇變數為 " 兩側角度 "

16 加入**函式 / 呼叫函式 暫停但持續更新音效 3 毫秒**積木

17 依照之前相同步驟加入這些積木，並且依圖設定

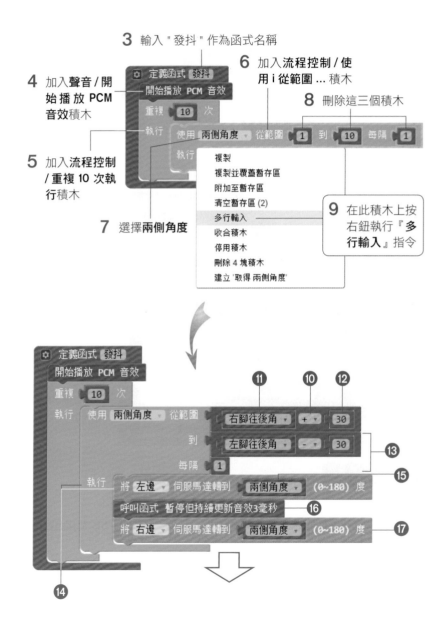

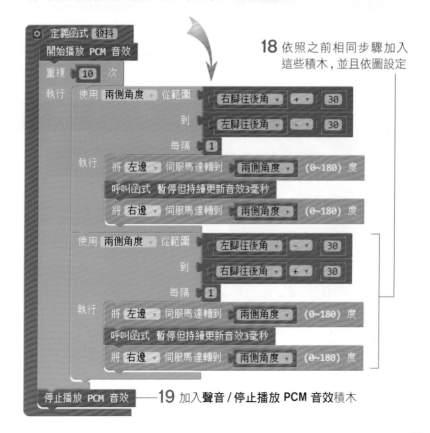

18 依照之前相同步驟加入這些積木，並且依圖設定

19 加入**聲音 / 停止播放 PCM 音效**積木

4. 最後如下修改主程式：

加入**函式 / 呼叫函式 發抖**積木

設計到此，就已經大功告成了，本實驗新增功能的完整架構如下：

完成後請按**儲存**鈕儲存專案，然後確認 Arduino 板已用 USB 線接至電腦，按 ▶ 鈕將程式上傳。

當出現上傳成功訊息後，即可將機器人放到平面行動，請在行進路線上放置障礙物，機器人偵測到有障礙物就會發抖並且發出聲音。